경북의 종가문화 42

옛 부림의 땅에서 천년을 이어오다,
군위 경재 홍로 종가

기획 | 경상북도 · 경북대학교 영남문화연구원
지은이 | 홍원식
펴낸이 | 오정혜
펴낸곳 | 예문서원

편집 | 유미희
디자인 | 김세연
인쇄 및 제본 | (주) 상지사 P&B

초판 1쇄 | 2017년 8월 21일

주소 | 서울시 성북구 안암로 9길 13(안암동 4가) 4층
출판등록 | 1993년 1월 7일(제307-2010-51호)
전화 | 925-5914 / 팩스 | 929-2285
홈페이지 | http://www.yemoon.com
이메일 | yemoonsw@empas.com

ISBN 978-89-7646-370-8 04980
ISBN 978-89-7646-368-5 (전6권)

값 20,000원

옛 부림의 땅에서 천년을 이어오다,
군위 경재 홍로 종가

경북의 종가문화 연구진

연구책임자 정우락(경북대 국문학과)

공동연구원 황위주(경북대 한문학과)
      조재모(경북대 건축학부)

종가선정위원장 황위주(경북대 한문학과)

종가선정위원 이수환(영남대 역사학과)
      홍원식(계명대 철학윤리학과)
      정명섭(경북대 건축학부)
      배영동(안동대 민속학과)
      이세동(경북대 중어중문학과)

종가연구팀   김위경(영남문화연구원 연구원)
      이상민(영남문화연구원 연구원)
      이재현(영남문화연구원 연구원)
      최은주(영남문화연구원 연구원)
      황명환(영남문화연구원 연구보조원)
      전설련(영남문화연구원 연구보조원)

경상북도에서 『경북의 종가문화』 시리즈 발간사업을 시작한 이래, 그간 많은 분들의 노고에 힘입어 어느새 46권의 책자가 발간되었습니다. 본 사업은 더 늦기 전에 지역의 종가문화를 기록으로 남겨 후세에 전해야 한다는 절박함에서 비롯되었습니다. 이제는 성과물이 하나하나 결실로 맺어져 지역을 알리는 문화자산으로 자리 잡아가고 있어 300만 도민의 한 사람으로서 무척 보람되게 생각합니다.

경상북도 신청사가 안동·예천 지역에 새로운 자리를 마련하여 이전한 지도 일 년이 훌쩍 넘었습니다. 유구한 전통문화의 터전 위에 웅도 경북이 새로운 천년千年을 선도해 나가는 계기가 될 것이라 확신합니다. 그리고 옛것의 가치를 소중히 하는 경북 전통문화의 중심에는 종가宗家가 있습니다. 우리 도에는 240여 개소에 달하는 종가가 고유의 문화를 온전히 지켜오고 있어 우리나라 종가문화의 보고寶庫라고 해도 과언이 아닙니다.

하지만 최근 산업화와 종손·종부의 고령화 등으로 인해 종가문화는 급격히 훼손·소멸되고 있는 실정입니다. 이에 경상북도에서는 종가문화를 보존·활용하고 발전적으로 계승하기 위해 2009년부터 '종가문화 명품화 사업'을 추진해 오고 있습니다. 그간 체계적인 학술조사 및 연구를 통해 관련 인프라를 구축하고, 명품 브랜드화 하는 등 향후 발전 가능성을 모색하기 위해 노력하고 있습니다.

경북대학교 영남문화연구원을 통해 2010년부터 추진하고 있는 『경북의 종가문화』 시리즈 발간도 이러한 사업의 일환입니다. 도내 종가를 대상으로 현재까지 『경북의 종가문화』 시리즈 46권을 발간하였으며, 발간 이후 관계문중은 물론 일반인들로부터 큰 호응을 얻고 있습니다. 이들 시리즈는 종가의 입지조건과 형성과정, 역사, 종가의 의례 및 생활문화, 건축문화, 종손과 종부의 일상과 가풍의 전승 등을 토대로 하여 일반인들이 쉽고 재미있게 읽을 수 있는 교양서 형태의 책자 및 영상물(DVD)로 제작되었습니다. 내용면에 있어서도 철저한 현장조사를 바탕으로 관련분야 전문가들이 각기 집필함으로써 종가별 특징을 부각시키고자 노력하였습니다.

이러한 노력으로, 금년에는 청송 불훤재 신현 종가, 군위 경재 홍로 종가, 의성 회당 신원록 종가, 안동 유일재 김언기 종가, 고령 죽유 오운 종가, 봉화 계서 성이성 종가 등 6곳의 종가를 대상으로 시리즈 6권을 발간하게 되었습니다. 비록 시간과 예산상의 제약으로 말미암아 몇몇 종가에 한정하여 진행하고 있으나, 앞으로 도내 100개 종가를 목표로 연차 추진해 나갈 계획입니다. 종가관련 자료의 기록화를 통해 종가문화 보존 및 활용을 위한 기초자료를 제공함은 물론, 일반인들에게 우리 전통문화의 소중함과 우수성을 알리는 데 크게 도움이 될 것으로 확신합니다.

한국의 종가는 수백 년에 걸쳐 지역사회의 구심점이자 한국 전통문화의 상징으로서의 역할을 묵묵히 수행해 왔으며, 현대사회에 있어서도 유교적 가치와 문화에 대한 재조명에 주목하고 있는 상황입니다. 그 바탕에는 종가문화를 올곧이 지켜온 종문宗門의 숨은 저력이 있었음을 깊이 되새기고, 이러한 정신이 경북의 혼으로 승화되어 세계적인 정신문화로 발전해 나가길 진심으로 바라는 바입니다.

앞으로 경상북도에서는 종가문화에 대한 지속적인 조사·연구 추진과 더불어, 종가의 보존관리 및 활용방안을 모색하는 데 적극 노력해 나갈 것을 약속드립니다. 이를 통해 전통문화를 소중히 지켜 오신 종손·종부님들의 자긍심을 고취시키고, 나아가 종가문화를 한국의 대표적인 고품격 한류韓流 자원으로 정착시키기 위해 더욱 힘써 나갈 계획입니다.

끝으로 이 사업을 위해 애쓰신 정우락 경북대학교 영남문화연구원장님과 여러 연구원 여러분, 그리고 집필자 분들의 노고에 진심으로 감사드립니다. 아울러, 각별한 관심을 갖고 적극적으로 협조해 주신 종손·종부님께도 감사의 말씀을 드립니다.

2017년 8월 일
경상북도지사 김관용

고려 순절 충신 경재敬齋 홍로洪魯(1366~1392) 선생의 종가가 자리잡고 있는 군위 한밤마을은 요즘 들어 부쩍 유명해졌다. 신문과 방송 등 각종 언론들이 앞다투어 알리고, 인기 프로그램 '1박 2일'도 다녀갔다. 모 TV방송에서는 매년 고택 음악제도 열고 있다. 그래서 전혀 어울리지 않을 성싶은 가수 한영애며 안치환도 다녀갔다.

한밤마을은 유난히도 많은 수식어들을 가지고 있다. '천년마을', '돌담마을', '육지속의 제주도', '육지속의 섬' 등등. 부림홍씨缶林洪氏들이 근 천년에 이르도록 한곳에 뿌리내리고 살고 있다 해서 '천년마을'이요, 마을 집들이 온통 돌로 된 담장을 두르고 있다고 해서 '돌담마을'이요, 또한 그것이 제주도의 돌담과 닮았다고 해서 '육지속의 제주도'요, 사방이 높은 산으로 둘러싸여 외부로 길이 막힌 형세가 마치 사방이 바다로 둘러싸인 섬과 같다고 해서 '육지속의 섬'이다. 이 모두가 사랑스레 불러주는 '애칭' 같다.

경북에는 전통마을이 많다. 세계적으로 널리 알려진 안동 하회마을과 경주 양동마을이 있고, 나라에서 전통마을로 보호하는 곳이 성주 한개마을 말고도 부지기수다. 하나같이 고대광실高臺廣室 기와집으로 넘쳐 나는 마을들이다. 한밤마을에도 기와집들이 없지는 않다. 하지만 고대광실은 아니다. 화려함도, 권세도 느껴지지 않는다. 지금은 죄다 사라졌지만, 조선시대에는 흔했을 마을이다. 반촌의 모습을 가지고 있기는 하지만, 보통 사람들이 보통의 삶을 살아갔을 모습을 잘 간직하고 있는 마을이 바로 한밤마을이다. 그래서 애정을 갖고 또 그렇게 많은 애칭들을 붙여준 것이 아닐까?

그래서 그런지 경재종가도 별스럽지 않다. 조금 더 크고, 조금 더 나아 보일 따름이다. 호령하지 않고, 위세 부리지 않고, 함께 더불어 산 때문이리라. 마을살이, 모둠살이를 중시한 때문이

리라. 종가는 작지만 마을은 크고, 종가 마루는 높지 않지만 마을
사람 모일 곳은 군데군데 마련되어 있다. 종가만 홀로 덩그러니
있으면 종가가 될 수 없다. 많은 지손들이 둘러싸고 떠받들어야
종가가 있는 것이다. 경재종가는 바로 그런 종가이다.

경재 홍로 선생은 고려왕조 멸망의 때를 맞아 1년여 짧은 관
직생활을 뒤로 하고 귀향한 뒤 곡기를 끊은 채 고려와 함께 자진
순절自盡殉節한 인물이다. 그때 나이 젊디젊은 스물일곱, 마지막
순간까지 고려왕조를 부지하기 위해 애쓰다 스승 포은 정몽주의
비보를 듣고 크나큰 좌절과 슬픔을 마침내 대의명분大義名分으로
승화시킨 인물이다. 그의 후손들은 서슬 퍼렇던 새 왕조 아래 선
조의 자진순절 사실마저 쉬쉬하며 숨죽이고 살 수밖에 없었다.
그런 가운데 근 3백년의 세월이 흘렀고, 선조에 대한 기억은 흐
려지다 못해 왜곡되기까지 했다.

하지만 마음 한편 충절지신의 후손이라는 자부심도 그들은
품고 살아왔다. 한밤마을의 부림홍씨들은 모두 경재의 후손들이
다. 그래서 그들은 부림홍씨 9세인 경재를 중시조로 삼는다. 조
선 후기 영·정조 시기에 이르러 전 왕조 고려 충신들에 대해서
도 추창하는 분위기가 일어나자 비로소 경재의 행적을 들춰 비석
을 다시 세우고, 향사할 서원도 제대로 마련하였으며, 실기 간행

도 서둘렀다. 이와 함께 부림홍씨도 비로소 조선의 한 반촌 가문으로 성장할 수 있었다. 무척 때늦은 시간이었다.

한밤마을은 이러한 기억들을 고스란히 간직하고 있다. 부림홍씨는 일찍이 한밤마을에 터 잡은 뒤 천년의 세월을 옮기지도 않은 채 한곳에서 모여 살아왔다. 그래서 부림홍씨를 한밤홍씨라고 부르기도 한다. 이렇듯 한 성씨가 자기 본향에서 천년을 지키며 살아온 것은 예사로운 일이 아니며, 그 중심에 경재종가가 있었다. 고려 충신의 집안이다 보니 그 흔한 교지 한 장 제대로 가지고 있지는 못하지만, 경재종가는 후손들에 둘러싸여 천년의 시간을 '꼿꼿이', 그리고 '꿋꿋이' 지켜 왔다는 사실만으로도 높이 살 만하다.

2017년 6월
이락재伊洛齋에서 지은이 홍원식 적다

차례

제1장 천년 부림홍씨의 터, 한밤마을

1. '천년마을',
군위 한밤마을과 부림홍씨

　　고려의 순절殉節 충신 경재敬齋 홍로洪魯의 종가가 자리잡고 있는 한밤마을은 경상북도 군위군 부계면 대율리에 소재하지만, 부림홍씨缶林洪氏의 세거지로 한밤마을을 일컬을 때는 대율1 · 2리와 동산1 · 2리, 남산1 · 2리뿐만 아니라 부계면 춘산리와 효령면 매곡리와 고곡리, 산성면 일부까지 포함하는 보기 드물게 큰 마을이다.

　　한밤마을의 역사는 군위삼존석굴(국보 109호, 속칭 제2석굴암)의 조성 연대로 볼 때, 7세기 후반 신라 통일 시기로 거슬러 올라간다. 지금으로부터 천년이 훨씬 넘는 시간이다. 이에 필자가 몇 년 전 한밤마을을 '천년마을'이라 일컬은 뒤 지금까지 널리 회자되고 있다. 군위삼존석굴은 팔공산의 북사면에 위치해 있는데, 팔공산은 통일신라의 중악中嶽이자 8만 암자와 사찰이 있었다고 전해지는 불교의 성지였던 까닭에 한밤마을 일대에도 당시의 많은 불교유적과 전설들이 전해오고 있다. 그러나 당시 한밤마을의 내력을 알려주는 구체적인 문헌기록은 지금 거의 남아있지 않다.

한밤마을의 입향이 문헌상 확인되는 것은 고려 초·중엽 무렵이다. 재상을 지냈던 홍란洪鸞이 남양홍씨南陽洪氏에서 갈라져 나와 한밤마을에 입향하면서 부림홍씨의 시조가 된 이후 그의 후손들이 대성벌족을 이루며 천년의 시간 동안 이 땅을 지키며 내려오게 된 것이다. 홍란이 한밤마을에 입향할 무렵 신천강씨信川姜氏가 먼저 살고 있었으며, 당시 의흥예씨義興芮氏도 함께 거주했으나 뒷날 그 후손들은 모두 한밤마을을 떠나고, 조선 중엽 이후 전주이씨全州李氏, 영천최씨永川崔氏, 여양진씨驪陽陳氏, 예천임씨醴泉林氏, 고성이씨固城李氏 등이 입향하여 혼맥으로 얽힌 가운데 오늘날까지 부림홍씨의 후손들과 함께 살고 있다.

한밤마을의 옛 지명은 부림缶林으로, 신라시대 때 이곳은 부림현에 속해 있었다. 부림현은 고려 초 부계현缶溪縣으로 이름이 바뀌었으며, 고려 현종 9년(1018) 때 상주尙州에 소속되었고, 그 뒤 선주善州(선산)에 포함되었다가 공양왕 때 의흥현義興縣에 소속되면서 폐현되었다. 의흥현은 대한제국 시기 의흥군으로 바뀌었다가 1917년 군위군과 합해져 지금까지 내려오고 있으며, 부림현은

한밤마을 전경

부계현으로 바뀌었다가 현재 군위군 부계면으로 남게 되었다.
이 때문에 부림홍씨를 부계홍씨로 기록한 곳도 있는데 같은 본향
이다.

　그리고 한밤마을이 '대율大栗'로 표기된 것은 경재 홍로로부
터 시작되었다. 이전에는 한밤마을이 '대야大夜', '대식大食' 등
으로 표기되기도 했는데, 그가 낙향한 뒤 중국의 처사 도연명陶淵
明의 행적을 좇아 집 앞에 다섯 그루의 버드나무(五柳)를 심고 유
유자적하면서 한밤의 '밤'도 '율栗' 자로 바꾸었다.

팔공산의 정상 천왕봉과 비로봉을 지붕처럼 바라보며 살아온 한밤마을 사람들은 일찍이 신라 통일시기 김유신金庾信 장군과 원효대사元曉大師에 관한 얘기를 전설로 이어오고 있으며, 신라를 구하러 온 왕건 군대의 위풍당당함에서 비롯된 '군위軍威'란 지명에서 볼 수 있듯 후삼국의 기억도 간직하고 있다. 고려의 운명이 다할 무렵 포은圃隱 정몽주鄭夢周가 야은冶隱 길재吉再, 상촌桑村 김자수金子粹, 경재 홍로 등 그의 제자·도우들과 소풍 차 모인 곳도 한밤마을에서 재 하나 넘으면 되는 동화사이다. 조선시대 도학이 바로 여기에서 발원했다고 말하면, 너무 지나친 것일까? 임진왜란 시기 팔공산의 동쪽과 서쪽 두 길이 왜군의 주요 침입 경로였으며, 왜군의 참화가 팔공산 정상 공산성에까지 덮쳤으니, 한밤마을은 이에 대한 기억 또한 가지고 있을 수밖에 없다. 조선 말 동학의 세력도 이 마을까지 미쳤다.

해방 후 한밤마을 사람들은 '대구 10.1 사건'으로 좌·우로 갈라서고, 6.25 한국전쟁 때에는 팔공산과 가산 일대가 피바다로 변하면서 남으로 북으로 피난길을 달리했다. 전후 1960년대에는 팔공산 정상에 공군 레이더부대가 주둔하고 미군까지 들어와 함께 살면서 산골 마을 사람들은 별천지를 맞는 듯하였다. 이어 산업화에 따라 마을은 하루가 다르게 비어갔고, 새마을운동이 전개되면서 마을 모습도 많이 바뀌었다. 한때 재학생이 600명이 넘던 대율초등학교는 문을 닫은 지 오래고, 마을사람들이 소식을 전하고 인정을 나누던 5일장도 거둬진 지 오래다.

　사방으로 높은 산에 둘러싸여 오지처럼 남아있던 한밤마을
에 올해 초 상주-영천 간 고속도로가 뚫려 5분이면 톨게이트에
닿을 수 있고, 올 가을엔 부계-동명 간 4차로 국도도 뚫려 10분이
면 팔공산 터널을 통과해 대구 경계로 접어들 수 있게 되었다. 벌
써 계곡과 산허리 곳곳에는 외지에서 들어온 사람들의 전원주택
들로 채워져 가고 있다. 산천도 사람도 너무 많이 변모하고 있다.
그렇지만 한밤마을 한가운데에 경재종가가 천년 세월을 묵묵히
지키고 있어 참으로 다행스레 생각하며, 이후에도 전통과 현대가
잘 어우러진 그야말로 '명품' 마을로 남길 고대해본다.

2. '돌담마을', 한밤마을의 경관과 문화재

1) '육지속의 제주도', 한밤마을의 경관

한밤마을은 전형적인 '동천洞天'의 형세이며, 무릉도원武陵桃源을 떠올리게도 한다. 30리 밖 효령에서 남천을 따라 난 지방도를 거슬러 팔공산으로 향하면 몇 번이고 다시는 땅이 열리지 않을 듯한데 다시 땅이 열린다. 그 마지막 팔공산 정상을 코앞에 두면 놀랍게도 사방이 산으로 높게 둘러싸인 가운데 다시금 드넓게 땅이 열린다. 그곳이 바로 작은 고을 하나쯤은 될 법한 한밤마을이다. 이렇게 넓은 땅을 무표정의 모습으로 드러내지 않고 깊이 품고 있는 팔공산의 크기에 새삼 놀라게 된다.

'八'자 형 동문

　　마을로 다가가면 두 물줄기가 합류하는 것이 보인다. 동산
계곡에서 흘러온 물줄기와 남산계곡에서 흘러온 물줄기가 마을
입구 북쪽에서 합류하여 남천을 이룬 뒤 북으로 40여 리 흘러 위
천과 합류하며, 위천은 군위와 의성 땅을 가로질러 서북으로 한
참 흐르다 상주 낙동에서 낙동강과 합류한다. 한밤마을의 전체
적인 형상은 동과 서 양쪽으로 물줄기를 끼고 팔공산의 북사면
완만한 구릉에 북향을 하고 있다.

　　마을 입구로 들어서면 먼저 2차로 위에 높게 세워진 동문洞
門이 눈에 들어온다. 동문은 근년에 세운 것으로, 팔공산의 '八'

자를 형상하고, 호박돌로 외관을 입혀 돌이 많은 마을임을 나타
냈으며, 동문 높은 꼭대기에는 오리를 형상한 조형물이 얹혀 있
다. 이렇게 오리 조형물을 둔 것은, 예전부터 마을에 수해가 잦았
기 때문에 동제를 지내던 진동단 위에 오리 조형물을 두어 수해
를 막고자 했는데 이것을 본떠 만든 것이다.

　　실제로 1930년(庚午) 한밤마을은 깊은 산골마을임에도 대홍
수로 큰 피해를 입었다. 지금도 동쪽에서 보면 마을이 높은 언덕
위에 위치하고 있는데, 당시 대홍수로 마을 동쪽 일대가 일시에
쓸려갔기 때문이다. 한 마을에서 92명이 사망하는 등 엄청난 피

돌방천

해를 입었다. 경오년 대홍수 이후 넓게 펼쳐진 천변 위에 물길을 돌려막고자 호박돌로 1km 가까이 되는 방천을 쌓았다. 이런 돌 방천은 참 보기 드문 진풍경이다. 그리고 거기에 참혹했던 상황을 길이 기억하기 위해 기념비를 세워 두었다.

지리적으로 볼 때, 한밤마을은 오랜 시간 팔공산이 침식되어 이룬 구릉에 자리 잡고 있다. 그리고 한밤 사람들은 아주 오래 전부터 팔공산이 쏟아낸 바위와 돌로 뒤덮인 땅을 일구어 논밭을 만들고 집터를 마련하면서 돌담을 두르게 되었다. 한밤 사람들에게서 돌담은 결코 장식이 아니라 피나는 현실이요 땀 맺힌 생

돌담 풍경

존투쟁의 기억물이다. 이렇게 두른 돌담이 대율리에만 총 6km가 넘는다. 이렇게 만들어진 한밤마을의 돌담은 천년의 시간을 더듬게 해주며 돌담과 어우러진 마을풍경은 사시사철 갖가지 서정을 마련해준다. 한밤마을이 사방 높은 산으로 둘러싸여 있는데다 온 마을이 돌담을 두르고 있기 때문에 사람들의 입에 '육지속의 제주도'라는 말이 자연스레 오르내리게 된 것이다.

　　마을 입구 동문을 지나면 바로 마을이 나오지 않고 먼저 송림을 지나게 된다. 한눈에 보아도 예사롭지 않아 보이는 송림이다. 마을의 품격을 한껏 높여준다는 생각이 든다. 송림 속엔 임진왜란 선무원종공신 홍천뢰 장군과 혼암 홍경승 선생의 비석 등여러 비석들이 서 있고, 아직 새겨지지 않은 거석도 세워져 있다. 마을 노인께서 경재 선생의 시비가 곧 서게 될 것이라고 전해준다. 이밖에도 마을 동제를 지내던 진동단, 앙중맞기 짝이 없는 계단식 숲속교실, 그리고 마을 정자나무인 느티나무 고목이 대여섯 그루나 보호수 명패를 달고 함께 서 있다. 이 숲이 바로 임진왜란 시기 의흥 의병진이 출정한 곳이란 말도 전해준다. 보기에 마을을 보호하기 위한 방풍림 같기도 하고, 마을의 기가 새나가지 않게 막아주는 비보풍수림 같기도 해 보인다.

　　온통 돌담을 두른 한밤마을은 보기 드물게 큰 마을이다. 한밤마을의 본 마을인 대율은 두 개의 리里로 나누어져 있으며, 이밖에도 동산 1·2리와 남산 1·2리가 행정구역상 나누어졌을 뿐

한밤 성안숲

진동단

숲속교실

느티나무

역사·문화적으로는 모두 한밤마을에 포함된다. 마을 곳곳엔 기
와지붕을 한 고가고옥들이 즐비하다. 물론 헐린 집터며 사람이
살지 않을 성싶은 퇴락한 집들, 어울리지 않게 현대식으로 지은
집들도 드문드문 섞여 있다. 비교적 원형이 잘 보존되어 있는 곳
은 마을 한가운데 있는 대청 건물 주변이다. 문화재로 지정되어
있는 사방 탁 트인 누각형 건물의 대청과 앞 너른 마당을 보며 문
득 고대 그리스의 아크로폴리스를 떠올려 보았다.

　동산 1·2리와 남산 1·2리는 계단식 들판을 지나 팔공산에
더욱 다가서 있다. 동산리와 인접한 동산계곡은 산세가 험하고

하늘정원

계곡이 깊어 수려한 자연풍광을 뽐내고 있다. 이 계곡을 따라 난 길로 팔공산 정상에 오를 수 있으며, 정상에는 공군부대와 공산성터가 있고 몇 년 전 군위군에서 조성한 하늘정원도 있다. 그 아래 계곡을 따라 오도암, 장군수, 청운교, 막암 등이 있다. 남산계곡을 끼고 있는 남산리에는 군위삼존석굴과 양산서원, 양산폭포, 척서정 등이 있다. 이곳이 바로 부림홍씨가 처음 터 잡은 곳이며, 후일 대성벌족으로 성장하면서 한밤마을 전체와 인근으로까지 그 터전을 넓혀나갔던 것이다. 또 하나 동산리와 남산리 사이 오도봉이라 불리는 우뚝 솟은 봉우리 하나가 눈에 들어온다. 영락

군위삼존석굴 원경

한밤마을에서 바라본 오도봉

없는 문필봉文筆峯의 형상이다. 한밤 사람 그 누가 저 필봉을 뽑아다 썼을까?

18세기 중엽 한밤마을에 살았던 홍귀명洪龜命(부림홍씨 20세, 호 쌍륙당雙蓼堂)이란 선비가 지은 '한밤십경(栗里十景)'의 시가 있어 옮겨 본다.

일경一景 공산公山

조그만 산에 남겨 놓은 시가 있으니	小山有遺唫
팔공산은 이미 천년이로다.	八公已千載
다 읽고 나니 계수나무 숲을 이룬 듯	讀罷叢桂林
남쪽을 바라보니 마음이 아득하구나.	南望心儤儤

이경二景 율리栗里

비단으로 장막을 친 수레의 율리촌이요	巾車栗里村
시골의 늙은이들이 와서 서로 먹여 주는구나.	野老來相餉
고요히 무현금을 연주하노니	靜攏無絃琴
도연히 복희씨가 살던 시대로다.	陶然羲皇上

삼경三景 부계缶溪

부계의 산 높고 높으며	缶之山峨峨

부계의 물 넓고 넓도다.	缶之水浩浩
집을 산수 사이에 지으니	結廬山水間
가만히 산수를 즐기는 묘함을 알겠네.	默契仁智妙

사경四景 도천桃川

들으니 도원인은	聞說桃源人
벼슬을 찾아 서울로 갔다네.	覓官長安去
봄이 오니 꽃은 숲에 가득한데	春來花滿林
어부와 함께 하니 근심이 사라지네.	愁殺漁郎儸

오경五景 소암嘯巖

길게 휘파람 불며 다시 길게 휘파람 부니	長嘯復長嘯
멀고 먼 저 옛날 세상이로다.	悠悠千古中
어찌 소문객*을 알겠는가?	安知蘇門客
문득 황석옹*으로 변한 것을.	각化黃石翁

*소동파蘇東坡의 적벽강에서 퉁소 부는 나그네
*장자방張子房에게 「육도삼략六韜三略」을 넘겨준 도인

육경六景 방교膀郊

옛날에는 농사가 선비에서 나왔으니	古者農出士
나라에서는 시골 사람을 등용하는 바라네.	丘遠國所需
쟁기를 풀고 과거에는 오르지 않았지만	釋未登金膀

저 장저 · 걸익의 무리와는 다르다네. 　　　　　　異他沮溺徒

칠경七景 관원官院

시끄러운 관청의 문에 　　　　　　　　　鬧鬧官院門

빛나는 가마들이 날마다 이어지네. 　　　　星蓋日絡繹

부귀를 만약 구할 수 있다면 　　　　　　富貴如可求

사람으로 하여금 자리를 만들도록 하겠네. 　定敎人割席

팔경八景 사시沙市

아침에는 곡식을 실어 나르고 　　　　　　朝搬粟米去

저녁에는 물고기와 소금을 팔고 돌아오도다. 　夕販魚鹽歸

시장을 가까이 함은 진실로 이익을 위함이니 　近市誠爲利

팔고 팔리는 것에는 당연히 속임이 있겠지. 　賈衒當有譃

구경九景 협촌峽村

양쪽의 좁은 언덕 사이로 흐르는 물 　　　　兩岸夾流水

경관이 옛날과 같구나. 　　　　　　　　衣冠自疇昔

느즈막히 푸른 연기가 빗기니 　　　　　　向晩綠煙橫

의연히 태고의 자취라네. 　　　　　　　　依然太古跡

십경十景 역로驛路

역로가 남북으로 통하여 　　　　　　　驛路控南北

걷노라면 서울로 이르게 되네. 　　　　步步達王都

마골령으로 향하지 말라 　　　　　　　莫向麻骨嶺

지름길엔 어렵고 위험이 많으니. 　　　捷徑多艱虞

　　위 시를 보면 당시 한밤마을에는 관원官院과 사시沙市가 있었
던 모양인데, 지금은 그 자세한 사정을 알 수가 없다. 역로는 신

원, 곧 섬원을 말한다.

한밤마을 송림(일명 한밤 성안숲)은 2006년 문화체육관광부가 전국 10대 마을숲으로 지정하였으며, 한밤마을 남산리에서 칠곡 동명을 잇는 팔공산 순환도로는 '아름다운 길 100'에 선정되었다. 지금 한창 만들고 있는 팔공산 둘레길은 팔공산 산허리와 함께 마을 돌담길 사이를 지나간다. 그리고 『나의 문화유산답사기』로 유명한 유홍준 교수는 어디에선가 양산폭포에 기대선 척서정을 영남에서 두 번째로 아름다운 누정이라고 말했으며, 직접 한밤마을을 답사한 기록을 자세히 책속에 남겨 놓았다. 이렇듯 한밤마을은 송림과 돌담, 동산계곡과 남산계곡이 빚어낸 아름다운 풍광을 지닌 마을이다.

2) 한밤마을의 문화재

한밤마을은 자연풍광만 빼어난 것이 아니다. 천년의 세월은 한밤마을에 수많은 문화재와 민속자료를 남겨 놓았다. 현재 국보 1점, 보물 1점, 경상북도 유형문화재 3점, 경상북도 문화재자료 2점, 이상 총 7점이 국가 및 도 지정문화재로 지정되어 있다. 부림홍씨 경재종가 등 아직 문화재로 지정되지 않은 비지정문화재도 즐비하다. 지정 문화재의 지정 당시 '공식적 문안'을 바탕으로 간단히 정리해 싣는다.

군위삼존석굴軍威三尊石窟(국보 제109호)

군위삼존석굴(일명 제2석굴암)은 통일신라시대 초인 700년 전후에 조성된 것으로, 군위군 부계면 남산리 산15번지에 있으며, 1962년 12월 20일 국보 109호로 지정되었다.

이 불상은 팔공산 파계사 뒷산 북쪽 계곡의 학소대鶴巢臺에 모셔진 삼존석불이다. 이 석굴사원은 경주의 석굴암보다 조성연대가 앞선 것으로 석굴사원 역사상 중요한 위치를 지니고 있다. 석굴은 둥근 입구와는 달리 바닥은 평면이 2단으로 되어 있고 천장은 입구의 높이보다 더 파 들어간 활 모양이다. 깊이 4.3m, 폭

3.8m, 높이 4.25m의 굴 전면에는 간단한 석축을 쌓아 의식 장소를 마련했고 안쪽으로 턱을 만들고 그 앞에는 별도의 화강암으로 된 사각의 대좌를 놓고 그 위에 본존상을 봉안했으며 좌우에 협시불을 모셨다. 본존불은 높이 288cm로 머리에 무수히 가늘고 얇은 음각의 선들이 나타나 있으며 살상투는 아주 크게 표현되어 있다. 좌우의 협시 보살상은 입상으로 거의 같은 양식이다. 이 석불은 손의 가짐이 항마촉지인降魔觸地印을 하고 있는 아미타불阿彌陀佛이며, 좌·우로 관음보살상과 대세지보살상이 협시하고 있다. 7세기말의 작품으로 추정된다.

군위 대율동 석불입상石佛立像(보물 제988호)

군위 대율동 석불입상은 통일신라 때 만들어진 것으로, 군위군 부계면 대율리 691번지 대율사 경내에 있으며, 1989년 4월 10일에 보물 제988호로 지정되었다.

이 불상은 1972년 대율사를 건립하는 과정에서 파묻혀 있던 것을 발굴하여 복원시킨 석불입상이다. 발굴 때 이 불상 주위에는 정면과 윗면을 제외한 삼면에 'ㄷ'자형으로 큰 돌들이 쌓여 있었는데, 안쪽은 방형이고 바깥쪽은 잡석들로 무더기를 이룬 인공 불감의 형식을 하고 있었다. 대좌臺座 위에 서 있는 이 불상은 높이가 265cm, 두상의 길이는 60cm, 어깨 폭 84cm의 5등신상으로 불상 뒤 원광인 광배光背는 없지만 불신佛身은 완전한 형태이다.

군위 대율동 석불입상

특히 오른손은 외장하여 여원인與願印을 짓고 있는 반면 왼손은
내장하여 가슴에 대고 있어 독특한 손의 모양을 보여 주고 있다.
전체적으로 볼 때 큰 얼굴, 벌어진 어깨, 유난히 큰 손, 긴 하체 등
이 균형을 깨뜨리고 있으나, 당당하고 세련된 면모를 보이고 있
다. 조각 수법으로 보아 9세기 통일신라시대 말의 작품으로 추정
된다.

『휘찬려사』 목판

『휘찬려사彙纂麗史』 목판(경상북도 유형문화재 제251호)

『휘찬려사』 목판은 조선 후기인 19세기 초에 만들어진 것으로, 군위군 부계면 남산리 296번지 양산서당에 소장되어 있으며, 1990년 8월 7일에 경상북도 유형문화재 제251호로 지정되었다.

이 목판은 조선 후기 홍여하洪汝河(1621~1678)가 지은『휘찬려사』의 책판이다. 홍여하는 호가 목재木齋, 본관은 부림缶林으로 대사간 호鎬의 아들이다. 조선 효종 5년(1654)에 식년 문과에 을과로 급제한 후 내외관직을 역임하였고, 특히 남인으로 성리학과 사학에 조예가 깊어 학자로서 사림의 존경을 받았다.『휘찬려사』는 그가『고려사』를 간략하게 정리하고 부분적으로 내용을 재구성하여 편찬한 것이다. 기전체紀傳體로 구성되었고, 그 편찬 시기는 17세기 중엽이다. 내용은 세가世家, 가천고론可天考論, 오행五行,

지리地理, 예악禮樂, 백관百官 등으로 구성되어 있다. 특히 마지막 권 47은 외이부록外夷附錄으로 거란전과 여진전, 일본전이 특색 있게 들어 있다. 저자는 조선후기 성리학자로서 철저한 유교사 관에 입각하여 고려사를 서술하면서도 한편으로는 우리 역사의 주체성을 인식하고자 그 내용을 살피려 했다. 목판은 총 827매이 며, 규격은 가로 34㎝, 세로 21㎝이고, 제작 시기는 정종로鄭宗魯 (1738~1816)의 서문이 있는 것으로 보아 19세기 초로 추정된다.

군위삼존석굴 석조비로자나불좌상石造毘盧遮那佛坐像
(경상북도 유형문화재 제258호)

군위삼존석굴 석조비로자나불좌상은 고려 초엽인 9세기 말 에 만들어졌고, 군위군 부계면 남산리 302번지 군위삼존석굴사 경내에 있으며, 1991년 5월 14일 경상북도 유형문화재 258호로 지정되었다.

이 불상은 높이 172㎝의 석조 비로자나불좌상이다. 화강암 으로 제작된 불상이며, 광배는 없어지고 대좌는 파괴되었다. 불 상의 형식은 결가부좌의 자세에 법의는 통견의 형식이나 유려한 맛은 없고, 양쪽 어깨의 끝 부분에 법의가 약간 걸쳐 있어 앞가슴 이 넓게 드러나 있다. 앞가슴에는 엄액의掩腋衣를 옆으로 평행선 이 되게 하였는데, 이는 동화사 입구의 마애여래입상과 같은 9세 기 불상 양식에서 유행하던 수법이다. 나선형 머리카락의 머리에 살상투는 낮고 넓적한 편이며, 특이한 것은 뒷면은 조각이 간략화 되어 정면 위주의 조각 수법을 보이고 있다는 점이다. 이러한 조성 양식은 비로자나불상이 많이 만들어진 9세기 말기에 속하는 것으로, 이 불상은 석굴의 아미타삼존불과 함께 석굴암의 불상 양식 변화와 신앙의 변천 과정을 이해하는 데 귀중한 유품이다.

군위 대율리 대청大廳(경상북도 유형문화재 제262호)

군위 대율리 대청은 조선시대에 지어진 것으로, 군위군 부계면 대율리 858번지에 있으며, 1991년 5월 14일 경상북도 유형문화재 제262호로 지정되었다.

이 건물은 조선 전기에 건립되었으나, 임진왜란 때 소실되었다가 인조 10년(1632)에 중창된 학사學舍이다. 효종 2년(1651)과 숙종 32년(1705)에 각각 중수된 바 있으며, 1992년에 완전 해체·보수되었다. 이때에 부식재와 기와가 교체되었고 기단도 보수되었다. 대청은 이 마을 전통가옥들의 중심부에 자리잡고 있다. 일설에 따르면 대율리의 전 지역이 사찰터였고 이 대청은 대종각大鐘閣 자리였다고 한다. 대청은 정면 5칸, 측면 2칸의 건물로 서측 퇴칸에만 간주間柱가 서 있다. 현재의 바닥에는 전부 우물마루를 깔았고 사면이 개방되어 있지만 중창 당시에는 가운데 마루를 두고 양 옆에 방을 둔 형태로 건축되었던 것으로 보인다. 이 건물은 조

선 중기 건축물로서 기둥 위의 초익공初翼工의 수법이나 포대공
등에서 나름의 특징을 보이고 있다.

군위삼존석굴 모전석탑模塼石塔(경상북도 문화재자료 제241호)

군위삼존석굴 모전석탑은 통일신라시대에 처음 조성된 뒤
1949년에 중수 복원되었고, 군위군 부계면 남산리 302번지 군위
삼존석굴사 경내에 있으며, 1991년 5월 14일 경상북도 문화재자
료 241호로 지정되었다.

이 모전석탑은 단층 기단 위에 단층의 탑신부를 조성한 특이
한 형태로서 통일신라시대에 건립된 것으로 추정된다. 탑신부는
근래에 다시 축조되어 원형에서 변형되었으나 본래의 탑형을 유

군위삼존석굴 모전석탑

지하고 있다. 탑은 방형의 단층기단 위에 화강석재를 걸고 얇게 장방형으로 잘라 방형의 단층 탑신부를 조성한 형태이다. 기단은 모서리 기둥과 각면 3개의 안기둥 및 기단덮개돌을 지니고 있으며 1층 탑신부에는 약 20여단의 일정치 않는 장방형 판석을 쌓았다. 1층 지붕돌의 층급은 3단이며 지붕돌 상면에도 다시 여러 단의 층급을 놓아 점차 체감되게 하였고 다시 그 상부 중앙에 노반露盤 및 보주寶珠를 배치하였다. 본래 3층탑이었으나 도괴된 것을 1949년에 현 모습대로 복원하였다. 현재 기단부가 매몰되어 완전한 탑형을 알기엔 곤란하나 전형석탑의 기단부를 형성한 것이 주목된다.

군위 상매댁 上梅宅(경상북도 문화재자료 제357호)

군위 상매댁은 조선 후기인 1836년에 지어진 것으로, 군위군 부계면 대율리 768번지에 있으며, 1999년 3월 11일 경상북도 문화재자료 제357호로 지정되었다.

대율리는 부림홍씨의 집성촌이며, 상매댁은 그 가운데서도 규모가 가장 큰 가옥이다. 이 가옥은 당시 의흥현에서 가장 오래된 가옥이었던 것으로 전해지며, 남천고택南川古宅이라고도 불린다. 상매댁은 250여 년 전의 부림홍씨 우태禹泰의 살림집이었고, 그 후 주손들로 이어지면서 여러 차례에 걸쳐 중수되었다. 원래 이 가옥은 '흥興'자 형의 독특한 배치형태를 이루고 있었으나,

군위 상매댁(내부)

해방 후 중문채와 아래채가 철거되어 현재의 건물만 남아 있고 대문채는 옮겨지면서 방향이 바뀌었다. 현재는 'ㄱ'자 형의 안채와 'ㅡ'자 형의 사랑채, 사당으로 구성되어 있고 주위는 자연석 돌담으로 경계를 이루고 있다.

한밤마을은 민속자료도 풍부히 가지고 있다. 이에 국립 민속중앙박물관은 학예연구사와 연구원 두 명을 2008년 1월부터 10월까지 한밤마을에 상주시켜 마을의 주요활동, 생업, 의식주, 세시풍속, 종교와 민간신앙, 일생의례, 구비전승 등 생활문화 전

민속조사마을비

반에 대해 현존실태 및 변천사를 세밀하게 조사하였다. 본 사업은 국립 민속중앙박물관과 경상북도가 2009년 경북민속문화의 해를 맞아 이를 기념하기 위해 시행하였으며, 조사결과 내용은 2009년 『돌담과 함께한 부림의 터, 한밤마을』과 『윤이실댁(홍도근, 조재순) 살림살이』 2권으로 출간되었다. 그리고 이를 기념하는 민속조사마을비 제막식을 신광섭 민속중앙박물관 관장이 참석한 가운데 2009년 12월 9일 한밤마을 대청에서 가졌다.

3. 양산서원과 양산오현

1) 양산서원

    양산서원陽山書院은 이전에 있던 세덕사世德祠를 1786년(丙午, 정조 10) 사림들의 공의에 따라 승호陞號하면서 처음 세워졌으며, 현재 경재敬齋 홍로洪魯를 위시한 부림홍씨 다섯 위를 제향하고 있다. 양산서원은 경북 군위군 부계면 남산 1리(속칭 서원마을)에 위치해 있으며, 바로 경재의 유허지에 세워졌다. '양산'이란 원호는 서원의 뒷산 이름에서 온 것인데, 양산에서의 경재 선생 행적이 중국 고대 백이伯夷 숙제叔齊의 수양산首陽山에서의 행적과 닮은 데다 지명마저 같아 선생의 도의와 충절을 높이기 위해 양

양산서원 현판

양산서원 전경

읍청루 현판

읍청루

장판각 옛터 표석

산서원이라 이름 붙였다.

양산서원이 세워지기 이전 1649년(己丑, 인조 26)에 현 양산서원 터에 경재를 제향하는 용재서원湧才書院이 처음으로 세워졌다 훼철되었다. 1711년(辛卯, 숙종 37) 다시 율리사栗里祠(社)를 창건하여 경재를 제향해오다 국령에 따라 훼철된 뒤 1783년(癸卯, 정조 7) 세덕사를 창건하였다. 세덕사는 경재와 더불어 문광공文匡公 허백정虛白亭 홍귀달洪貴達, 우암寓庵 홍언충洪彦忠 세 위를 합향하였으며, 3년 뒤인 1786년에 마침내 양산서원으로 승호하였다.

양산서원이 세워진 뒤 바로 다음해(1794) 사액賜額을 청하는 상소를 올리고 이어 예조에도 글을 올렸으나 사액과 미사액을 구분치 말고 양산서원도 사액서원의 정례定例에 따르라는 답이 내려왔다.

1820년(庚辰, 순조 20) 중건, 증축하면서 서원의 규모를 완전히 갖추었다. 당堂은 흥교興敎, 좌실은 입나立儒, 우실은 구인求仁, 누樓는 읍청挹淸이라 현판하였으며, 읍청루 옆으로 물을 파서 반무당半畝塘이라 하였다. 사묘祠廟와 동서재東西齋의 이름은 전하지 않는다.

1826년(丙戌, 순조 26) 경재의 『경재선생실기敬齋先生實紀』를 초간하고 목판을 양산서원에 보관하였으며, 이 시기를 전후하여 목재 홍여하의 『휘찬려사彙纂麗史』 목판도 함께 보관해왔다.

1868년(戊辰, 고종 5) 7월에 이어 9월에 거듭 본읍本邑 다섯 서원에 대한 훼철령이 내려와 10월에 부득이 세 분의 위패를 강당에 옮겨 모시고 묘우를 훼철하였으며, 11월에 다시 위패를 뒷산 기슭에 묻고 강당과 동서재도 허물었다. 양산서원이 세워진 후 82년이 지난 때였다.

1872년(壬申, 고종 9) 종손 홍영수洪英修를 중심으로 양산서원 묘우 복설을 시도하다가 홍영수가 압송되어 곤양昆陽으로 1년간 유배를 가면서 중단되었다. 1897년(丁酉, 광무 원년) 양산서원 유허에 세 분을 기리기 위해 척서정陟西亭을 창건하였다. '척서陟西'는 '서산西山에 오르다'라는 뜻으로, 경재의 행적이 일찍이 백이숙제가 서산, 곧 수양산首陽山에 올라 고사리를 뜯어 먹으며 숨어 살다 죽었다는 고사와 닮아 붙인 이름이다. '척서정陟西亭' 판액

구인재

입나재

양산서원 복원기(조동걸)

은 향산響山 이만도李晚燾가 썼다.

　1948년(戊子) 척서정 내 묘우를 양산폭포 옆으로 이건하여 '척서정陟西亭' 판액을 달고 경재의 갱장지소羹墻之所로 삼고, 구 척서정은 양산서당으로 개판改板하여 경재의 추모지소追慕之所로 삼았다. 이후 척서정과 양산서당을 여러 차례 보수하였다.

　1990년(戊午) 8월 7일 양산서당 장판각에 보관해오던 『(목재선생가숙)휘찬려사』 목판이 경상북도 유형문화재 제251호로 지정되었으며, 2011년(辛卯) 12월 200년 가까이 양산서원(당)이 보관해온 『경재선생실기』(총 41판)와 『휘찬려사』(총 830판) 목판을 학술발전과 영구보전을 위해 한국국학진흥원에 기탁, 보관하였다. 2015년 10월 『경재선생실기』와 『휘찬려사』 목판을 포함한 한국국학진흥원이 기탁 받아 보관해 오던 목판 6만여 판이 유네스코 세계

오선생 위패(숭덕사)

숭덕사(양산서원 묘우) 전경

서원 향사 전경

기록유산에 등재되었다.

　2015년 4월 정부의 지원금을 받아 3년 가량의 공사 끝에 양
산서원을 복원하여 준공식을 가지고, 10월 향내 유림과 인사들의
뜻에 따라 이전 세 분의 위패를 환안還安하고, 목재 홍여하와 수
헌睡軒 홍택하洪宅夏 두 분을 추가 배향하였다.

　묘우는 겹 3간으로 묘호가 숭덕사崇德祠이고, 당은 10간, 누
는 겹 3간으로 이전의 이름을 그대로 가져와 홍교당興教堂, 읍청
루挹淸樓라 현판하였으며, 동서재는 각 3간으로 이전 정당 협실夾
室의 이름을 가져와 입나재立儒齋와 구인재求仁齋라 현판하였다.

「양산서원복원기문陽山書院復元記文」은 국민대 명예교수인 전한국국학진흥원 초대원장 조동걸 박사가, 「양산서원묘우복원상량문陽山書院廟宇復元上樑文」과 「읍청루복원기문挹淸樓復元記文」은 영남대 명예교수 홍우흠 박사가 지었다. '양산서원陽山書院'과 '숭덕사崇德祠', '일성문日省門' 등의 판액 글씨는 홍우흠 박사가 썼으며, '읍청루挹淸樓' 판액은 전해 오던 구 현판의 글씨를 모사하여 걸었다. 10월 양산서원 운영위원회에서 이완재李完栽 영남대 명예교수를 초대 원장으로 추대하여 취임하였다.

2) 양산오현

현재 양산서원은 부림홍씨 오현을 배향하고 있다. 오현은 경재 홍로, 허백정 홍귀달, 우암 홍언충, 목재 홍여하, 수헌 홍택하이다. 경재와 수헌은 부림홍씨 한밤파이며, 허백정과 우암, 목재는 함창파이다. 경재와 수헌은 아래 제2장과 제3장 3절에서 각각 자세히 적고 있으므로, 여기에서는 나머지 3인에 대해서만 간략히 적는다.

허백정 홍귀달(1438~1504)

홍귀달洪貴達은 부림홍씨 10세로 자가 겸선兼善이고, 호는 허백정虛白亭과 함허정涵虛亭이다. 그는 1438년(세종 20) 경북 상주시

허백정 불천위사당

함창읍 여물리(당시 咸昌縣 羊積里)에서 태어났으며, 1504년(연산군 10) 손녀를 궁중에 들이라는 왕명을 어긴 죄로 경원慶源에 유배되었다가 다시 취조를 받으러 한양으로 압송되던 도중 6월 22일 단천端川에서 교살絞殺되었다. 그의 증조는 순淳, 조는 득우得禹, 부는 효손孝孫으로 그의 현달로 조와 부가 각각 이조참판과 병조판서를 증직 받았다.

　　그는 22세 때 진사가 되고, 23세 때 성균관에 유학한 뒤 24세 때인 1461년(세조 7) 강릉별시江陵別試 문과에 급제한 후 세조, 예종, 성종, 연산군 4대에 걸쳐 관직을 지냈다. 25세 때 승문원박사를 시작으로 사헌부대사헌과 성균관대사성, 홍문관대제학을 지냈으며, 이조와 호조, 공조판서를 두루 역임하고 의정부 좌우참찬을 지냈다. 외직으로는 경주부윤과 충청, 강원 및 경기 관찰사를 역임하였다. 특히 그는 성종과 연산군 때 문형文衡의 자리인 홍문관대제학을 두 차례나 지낸 것으로 유명하다.

그는 34세 때『세조실록』의 편찬에 참가하였으며, 35세 때는 전라도안찰사로 다녀오면서 시 70여 수를 지어『남행록』으로 묶었다. 39세 때에는 원접사遠接使 서거정徐居正의 종사관從事官으로 중국 사신 기순祁順 등을 맞이하여 문재文才를 한껏 드러냈다. 42세 때 남산 아래에 허백정虛白亭을 짓고 살았으며, 44세 때에는 천추사千秋使로 중국 사행을 다녀왔다. 이때에도 그는 여러 수의 기행시를 남겼다. 52세 때 부친상을 당하여 시묘살이를 하면서 3년상을 치렀다. 57세(1494, 성종 25) 12월 성종이 승하하자 삼도감제조三都監提調가 되어 국상을 주관하였다.

연산군 때 그는 의정부우참찬을 시작으로 공조판서 등의 관직을 지냈으며, 61세 때인 1498년(연산군 4) 무오사화로 좌천되었다가 곧 우참찬에 복직하였고 여러 관직을 거치다가 다시 무고로 삭직되어 경기도관찰사로 나갔다. 67세 때인 1504년(甲子, 연산군 10) 경기도관찰사 재임 중 왕명을 거역했다는 죄로 유배되었다 끝내 죽임을 당하였다. 연산군 즉위 초 허백정은 두터운 신임을 받았으며, 무오사화 때에도 잠시 파직되었을 뿐 크게 화를 입지

허백정 신도비

않았다. 그는 점필재佔畢齋 김종직金宗直과 그의 제자인 조위曺偉, 김일손金馹孫 등 이른바 영남사림파 출신 관료들은 물론 훈구척신들과도 원만한 관계를 유지함으로써 연산군 때에도 별 무리 없이 관직생활을 이어갔다. 그러나 연산군이 정사는 내버려둔 채 점차 방탕하고 포악해지는 것을 보고 이를 바로잡기 위해 연이어 간언과 상소를 올렸고, 이로 인해 오히려 점점 더 눈 밖에 나게 되어 결국 죽음을 맞이하기에 이르렀다.

　　허백정이 화를 당하자 그 충격으로 처 상산김씨가 세상을 떴으며, 언승彦昇, 언방彦邦, 언충彦忠, 언국彦國 4형제는 모두 거제도로 유배되었다. 2년 뒤인 1506년 중종반정中宗反正으로 연산군이 쫓겨나고 중종이 즉위하면서 그의 아들들이 모두 유배에서 풀려나고, 이듬해인 1507년 선친의 유해를 수습하여 함창현 율곡의 선영 아래에 모셨다. 허백정에게는 의정부좌찬성이 추증되고 '문광文匡'이라는 시호가 주어졌다. 1535년(중종 30) 홍문관대제학 남곤南袞이 찬하고 아들 언국이 글씨를 쓴 신도비가 그의 묘소 앞에 세워졌다.

주요 저술로는 『성종실록』 편찬에 참가한 뒤에 지은 「수사기修史記」, 왕명으로 성현成俔, 권건權健과 함께 펴낸 『역대명감歷代明鑑』(62세), 권건과 함께 펴낸 『속동국보감續國朝寶鑑』(63세), 윤필상尹弼商 등과 함께 펴낸 『구급이해방救急易解方』(65세) 등이 있다. 그리고 그는 점필재 김종직의 신도비명神道碑銘을 지었으며, 대표적인 제자로 농암聾巖 이현보李賢輔가 있다.

그의 문집은 1611년 우복愚伏 정경세鄭經世의 서문을 붙여 외현손外玄孫 최정호崔挺豪가 구례에서 간행하였으며, 문집 속집은 1843년 정재定齋 유치명柳致明의 후서를 붙여 후손 인찬麟璨이 간행하였다. 1691년(숙종 17) 고향 함창의 임호서원臨湖書院에 병향되었으며, 1786년(정조 10)에는 선향先鄕의 양산서원에 배향되었다.

우암 홍언충(1473~1508)

홍언충洪彦忠은 부림홍씨 11세로 자가 직경直卿, 호는 우암寓

우암 홍언충의 묘소

庵으로, 허백정 홍귀달의 넷째 아들이다. 문재가 뛰어나 17세 때 이미 「병상구부病顙駒賦」를 지었으며, 23세 때인 1495년(연산군 1) 문과에 급제하여 승문원부정자에 임명됨으로써 관직생활을 시작하였다. 24세 때 정희량鄭希良, 박은朴誾 등 13인과 사가독서를 하였고, 이후 홍문관 정자와 저작, 박사, 부수찬을 거쳐 수찬에 이르렀으며, 예조정랑 등을 지냈다. 1498년 26세 때에는 서장관으로 명나라 사행을 다녀왔다. 그는 허암虛庵 정희량鄭希良, 용재 容齋 이행李荇, 읍취헌挹翠軒 박은朴誾과 함께 어울려 도우로 지내면서 많은 시문을 남겨 당시 '문장사걸文章四傑'로 일컬어졌다.

또한 그는 부친 허백정과 함께 조정에 있으면서 부친과 마찬가지로 연산군에 대한 간언을 멈추지 않았다.

마침내 그는 1504년(연산군 10) 32세 때 부친의 사건에 연루되어 진안으로 유배 중 다시 갑자사화에 연루되어 한양으로 와서 심문을 받은 뒤 거제도로 유배되었다. 진안 유배 당시 그는 자신의 죽음을 예감하고 다음과 같이 자신의 만사挽(輓)詞를 지어놓았다.

대명大明(명나라) 천하 해 먼저 떠오르는 나라에 한 남자가 있었으니, 성은 홍이요 이름은 (언)충, 자는 직(경)이라, 기껏 반생 사는 동안 우줄하게 살면서 문자에나 힘썼을 뿐. 세상에 태어나 서른두 해를 살다 끝마치니, 명은 어찌 이다지도 짧고 뜻은 어찌 이다지도 긴가. 옛 무림茂林 땅에 묻히니, 푸른 산은 위에 있고 굽이치는 강물은 낭떠러지 아래에 있도다. 천추만세에 그 누군가 있어 반드시 이 들판을 지나다가, 손가락 가리켜 서성대며 깊이 슬퍼하리라.

이렇게 그는 서른두 살 젊디젊은 나이에 스스로 만사를 짓고서 아래에다 "내 자손들 중 반드시 그 어느 날엔가 내 묻힌 곳에다 작은 비석 하나 세워 이 글을 새겨 넣을 이 있으리. 그런 뒤에라야 진정한 내 자손일 것이다."라고 적어 놓았다. 비애의 정이 절절이 묻어난다.

1506년 34세 때 그는 중종반정으로 유배에서 풀려난 뒤 성균직강을 제수 받았으나 병으로 나아가지 않았으며, 1508년 36세를 일기로 세상을 떴다. 배는 남손南蓀의 딸이며, 슬하에 3남을 두었으나 모두 일찍 죽어 혈손이 끊어졌다. 묘소는 자만사에서 말한 옛 무림의 땅 문경시 영순면 의곡리(옛 도연리)에 있으며, 외후손들에 의해 자만사비自挽詞碑가 세워졌다.

1535년 동생 언국이 묘갈을 지었다. 그의 문집은 1582년 외손서인 충청도관찰사 김우굉金宇宏이 청주목사 김중로金仲老에게 부탁하여 간행하였으며(김우굉 발), 1720년에 종현손 상민相民이 문집을 중간하였다(權斗經 서, 홍상민 발). 1665년에 고향 문경의 근암서원近嵒書院에 배향되었으며, 1786년(정조 10) 선향의 양산서원에 부친 허백정과 함께 배향되었다.

목재 홍여하(1620~1674)

홍여하洪汝河는 부림홍씨 15세로 자가 백원百源, 호는 목재木齋와 산택재山澤齋이다. 대사간大司諫을 지낸 홍호洪鎬의 둘째 아들로 태어났으며, 가통을 이어 허백정 홍귀달의 5대 주손이 되었다. 어릴 적 서울에서 부친의 스승인 우복愚伏 정경세鄭經世를 배알한 적이 있으며, 14세 때 모친 고씨의 상을, 27세 때 부친상을 당하였다. 35세(1654, 효종 6) 때 생원진사시와 식년 문과를 동년에 합격하여 관직에 나아갔다.

목재 홍여하 묘소

    37세 때 응지상소應旨上疏를 올렸다가 고산도찰방高山道察訪
으로 쫓겨났다. 40세(1659, 현종 즉위년) 때 경성판관鏡城判官으로 있
으면서 응지상소를 올려 북방 군정의 폐단과 이후원李厚源의 붕
당 행태를 지적하였다가, 이것이 자신을 배척한 것이라고 여긴
이조판서 송시열宋時烈이 상소한 뒤 사직하는 사건이 일어났다.
당시 서인 측에서 이 상소가 윤휴尹鑴 등의 배후조종으로 이루어
진 것이라고 보아 문제를 삼게 되면서 그는 부친에 이어 당쟁 속
으로 휘말려 들고 만다. 마침 이때는 바로 제1차 예송禮訟이 터진
시점이기도 했다. 41세(1660, 현종 1) 때 다시 병마사 권우權堣의 일

을 문제 삼았다가 파직되어 충청도 황간으로 유배된 뒤 얼마 후 풀려나 고향인 함창 율곡으로 돌아왔다.

율곡으로 돌아온 후 그는 산택재山澤齋를 짓고 학문 연구와 저술에 매진하였다. 51세 때 예천 북쪽 복천촌福泉村에 존성재尊性齋를 짓고 잠시 이거하였다가 53세 때 다시 율곡으로 돌아왔다. 55세(1674) 때 숙종이 즉위하여 병조정랑과 사간의 관직이 내려졌으나 병으로 나아가지 못하고 세상을 떴다. 예천의 흑송리에 장사 지냈으며, 뒷날 율곡리로 이장하였다. 처음 묘갈명은 제자인 권유權愈가 지었으며, 이장 후 묘갈은 계당溪堂 유주목柳疇睦이 지었다. 슬하에 상문相文, 상민相民(출계), 상훈相勛, 상진相晋, 상빈相賓, 상연相連 6형제를 두었다.

그는 17세기 후반 영남 남인의 대표적인 정치가이기도 했지만 역사가로서 더욱 유명하다. 그의 대표적인 역사 저술로는 『휘찬려사彙纂麗史』와 『동국통감제강東國通鑑提綱』(일명 『동사제강東史提綱』), 『해동성원海東姓苑』 등이 있다. 『동국통감제강』은 고조선부터 삼국시대까지, 『휘찬려사』는 고려시대의 역사를 담고 있다. 그는 당시 학자들이 중국의 역사에만 관심이 있음을 지적하면서 우리나라 역사에 관심을 두어야 함을 주장하였다.

역사학 방면뿐만 아니라 그는 영남 유학의 퇴계학退溪學 전승에서도 중요한 위치를 차지하고 있다. 퇴계학파의 대표적인 재전再傳으로 17세기 전반 우복 정경세와 수암修菴 류진柳袗 등이 우뚝하며, 17세기 후반에는 갈암葛菴 이현일李玄逸 형제가 크게 활약했다. 홍여하는 바로 17세기 중반 퇴계학파를 대표하는 인물이다. 그의 대표적인 철학 관련 저술로 「독서차기讀書箚記」와 「명명덕찬明明德贊」, 「존성재기尊性齋記」, 「제양명집주자만년정론후題陽明集朱子晚年定論後」 등이 있다.

1689년(숙종 15) 갈암 이현일의 주청으로 통정대부 부제학에 추증되었다. 영·정조 연간에 권유權愈의 서문을 붙여 『목재선생문집』이 간행되었다. 대표적 저술인 『휘찬려사』는 간행 연도가 정확하지 않지만, 입재立齋 정종로鄭宗魯의 서를 붙여 발간되었으며, 목판은 양산서원에 보관해왔다.

1693년 우암 홍언충과 한음漢陰 이덕형李德馨이 배향되어 있던 문경 근암서원에 사담沙潭 김홍민金弘敏과 함께 추가 배향되었으며, 2015년 선향의 양산서원이 복원되면서 수헌睡軒 홍택하洪宅夏와 함께 추가 배향되었다.

제2장 자진순절한 고려 충신, 경재 홍로

1. 경재의 선대

 경재敬齋 홍로洪魯는 부림홍씨缶林洪氏 9세로, 한밤마을의 부림홍씨는 모두 그의 후손이며 그를 중시조로 삼는다. 부림홍씨의 시조는 고려 초·중엽 재상을 지낸 란鸞이며, 그가 남양홍씨南陽洪氏에서 갈라져 나와 옛 부림의 땅에 입향해 옴으로써 부림홍씨의 시조가 되었다. 그가 처음 터를 잡은 곳은 현재 경북 군위군 부계면 남산 2리 갖골(枝洞)마을이다. 경재도 갖골마을에서 태어났으며, 낙향 후 유유자적했던 곳이 현 양산서원이 자리잡고 있는 남산 1리(속칭 서원마을) 남산계곡 가였던 것으로 추정된다.

 그런데 부림홍씨의 기세조起世祖는 직장直長을 지낸 홍좌洪佐이다. 홍란과 그 사이에 세계가 분명치 않아 부림홍씨에서는 그

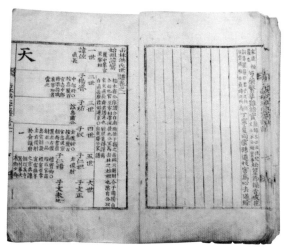

「부림홍씨세보」

를 1세로 삼고 있으며, 그 사이의 기간은 정확히 알지 못한다. 이후 2세는 중랑장中郞將 양제楊濟, 3세는 충숙공忠肅公 우우祐, 4세는 좌복야左僕射 서敍이다. 서는 인단仁祖과 인석仁錫 형제를 두었다. 인석이 상주 함창 땅으로 이거해 감에 따라 부림홍씨는 본향에 남은 한밤파와 이거한 함창파로 나눠지게 되었다. 뒷날 함창파에서 허백정虛白亭 홍귀달洪貴達과 우암寓庵 홍언충洪彦忠, 목재木齋 홍여하洪汝河와 같은 인물들이 나왔다.

5세 인단에 이어, 6세는 문정文正, 7세는 감무監務 연漣, 8세는 진사進士 민구敏求이며, 9세가 바로 경재이다. 연은 송경松京에서 감무를 지내며 해주최씨海州崔氏 문헌공文憲公 최충崔沖의 후예와 결혼한 까닭에 민구는 문헌공의 외후손이 된다. 민구의 자는 호고好古, 호는 죽헌竹軒으로 어머니 해주최씨에 대한 효성이 지극하였는데, 그가 송경에서의 생활을 접고 부모 봉양을 위해 귀향할 때 여러 지인과 벗들이 지어준 증별시贈別詩 속에 이러한 사정이 잘 들어 있다.

그가 교유한 인물로 익재益齋 이제현李齊賢과 우곡禹谷 정자후鄭子厚, 목은牧隱 이색李穡, 포은圃隱 정몽주鄭夢周, 적성군赤城君 우길생禹吉生 등이 있다. 당시의 증별시 몇 수를 옮겨본다. 아래의 시 모두가 『동문선東文選』에 실려 있다.

「우곡 · 익재 제선생 홍진사 귀양시 발」
(跋禹谷益齋諸先生洪進士歸養詩)

돌아가 어버이 봉양하니 효자라 불릴 것이고	歸養雖將孝子論
대인의 말은 포양하기 어렵게 되었도다.	褒揚難得大人言
송도에 길이 시권詩卷을 전하고	松山萬古傳詩卷
철동 삼암에 살던 죽헌竹軒은 떠나가네.	鐵洞三菴少竹軒

후생을 격려하던 풍채는 멀어지고	激勵後生風采遠
전배의 품격 있던 모습은 어렴풋이 남아있네.	依俙前輩典刑存
외가의 전해온 덕스러움은 없어지기 어려울지니	外家舊德難磨去

어머님 은혜 갚고 난 뒤 벼슬길에 오르리.　　　　登第他年報母恩

「진사 홍민구를 전송하며(送洪敏求進士)」

　　　　　　　　　　　　　　　　　　　　　　－ 우곡 정자후

문헌공과 문화공이 함께 시관試官 되었으니　　文憲文和並主文
글을 업 삼은 여경이 고문에 넘쳤어라.　　　　業文餘慶溢高門
부자 들 다 중서령에 올랐다 세상에서 일컫더니　世稱父子兩中令
이제 다시 구름 속 한 외손을 보는구나.　　　　今見雲仍一外孫

오랜 객지생활 어버이 뵈올 생각 간절했으리　久客難禁歸覲意
늙은 내가 어찌 작별하는 말 아끼리.　　　　　老夫何惜贈行言
북당에 헌수獻壽하며 서쪽 향해 웃으렷다　　北堂獻壽還西笑
집안 전해오는 을장원을 마땅히 이어야 하리.　當繼家傳乙壯元

「진사 홍민구를 전송하며(送洪敏求進士)」

　　　　　　　　　　　　　　　　　　　　　　－ 적성군 우길생

일찍 최문헌공의 명성이 높았을 때　　　　　崔公當日秉斯文
급제가 한 가문에서 연이어 났네.　　　　　　捿第連科起一門
12문도의 이름이 후세에 전하고　　　　　　　十二徒名傳後代
5백 년 경사가 여러 자손들에 넘쳐나리.　　半千年慶洽諸孫

보은할 날 짧으니 마땅히 효도 먼저 할 것이요   報劉日短宜先孝

임금 도울 때가 되면 품은 말 다 할 수 있으리.   佐漢時來可盡言

백화 시구 읊으며 공경 다해 효양하며   吟詠白華勤敬養

이따금 묘책 바쳐 임금 도운들 무슨 문제 있으리.   何妨獻策輔皇元

이 밖에도 한림학사 김행경金行瓊 등이 지은 시가 남아 있다. 한결같이 최충의 외후손임을 칭송하며 귀양歸養을 마치고 빨리 돌아오기를 바라는 마음을 전하고 있다. 그러나 그는 다시 송경으로 돌아오지 못한 채 고향에서 세상을 떴다. 부림홍씨 시조 란으로부터 그에 이르기까지 모두 묘소마저 잃어버린 상태이다.

2. 포은 문하에 들다

　경재 홍로는 1366년(丙午年, 공민왕 16) 정월 13일 경상북도 군위군 부계면 남산리 갖골마을(당시는 경상도 善山府에 속함)에서 부림 홍씨 9세로 태어났으며, 자가 득지得之이다. 부친 홍민구가 송경松京에 머무를 때, 그는 포은圃隱 정몽주鄭夢周의 문하에 나아가 성리학 공부에 전념하였으며, 목은牧隱 이색李穡도 '득지의 문장은 참으로 훌륭하다'고 칭찬해 마지않았다. 목은과 포은은 모두 부친 홍민구와 교유했던 이들이다.

　포은은 1387년 문생 13인과 팔공산 동화사桐華寺에서 모임을 가지고 각자의 친필을 담은 연구시첩聯句詩帖인 「백원첩白猿帖」을 남겼는데, 경재도 당시 모임에 참가하여 친필 연구시聯句詩를 남겠다. 당시 그는 22세로 참석자들 가운데 가장 나이가 어렸으며, 그해 생원시에 합격하였다. 그런데 이 모임은 그와 포은의 관계를 잘 말해 주는 것이기도 하지만, 거기에 참석했던 이들 대부분이 훗날 포은과 정치적 운명을 같이 했다는 점에서 매우 의미가 깊다. 포은은 조선에 들어와 만고충절로 기려지고 '동방 성리학의 비조(東方理學之祖)'로 일컬어진 인물이다. 그럼에도 대의명분에 따라 그와 정치적 운명을 같이 하고 그의 성리학을 이어받은 이들을 동화사 모임에 참석한 사람 이외에는 찾기가 어렵다는 점에서 우리는 이 모임을 주목하지 않을 수 없다.

이 「백원첩」은 포은이 1372년 명나라에 사신으로 갔다가 유총마劉驄馬(이름 禧億)란 사람으로부터 얻어 온 고려 태조 왕건王建의 유필遺筆을 보고 그 소회를 읊고서 엮은 시첩이다. 고려 태조 왕건은 왕위에 오르기 전인 916년(丙子) 태봉국泰封國을 토벌할 당시 그를 돕기 위해 온 유총마의 선조 유덕劉德 장군에게 증별贈別로 절구絶句 상하 두 편을 써 주었는데, 유장군의 후손 유총마가 이를 보관하고 있다가 사행을 온 포은에게 그중 한 편을 내어 준 것이다.

그 후 15년이 지난 1387년(우왕 13) 8월 15일 포은이 추석을 맞아 고향 영천을 들렀다가 문생 13인과 팔공산 동화사에 소풍차 모인 자리에서 태조 왕건의 유필을 내보인 뒤 각자의 감회를 친필 연구聯句로 짓게 하였다. 당시 참가한 문생은 이보림李寶林,

先天太極靜令
日弘規者　安省
汴水山河重豊城
歲月蒜　　洪進裕
十年專使命千古
見文華　都膺

奉玩我
太祖所思詩遺筆
聯句
巍勳鄭博士利黃
河樣　渋　李寳林
太祖白猿　帖中

原聰馬家　李行
天地冷人金氣風
雲抱玉芭　洪曾
嗟將西社事留
使東人誇　金自粹
入唐八子・・・・・

연구시(「백원첩」)

이종학李種學, 길재吉再, 홍진유洪進裕, 고병원高炳元, 김자수金子粹, 김약시金若時, 윤상필尹祥弼, 홍로洪魯, 이행李行, 조희직曹希直, 도응都應, 안성安省이었으며, 이 가운데 경재를 위시한 7인의 유필만 현재 남아 있다.

이 시첩에는 태조 왕건이 유덕 장군과 증별할 때 친필로 적은 이백李白의 시(「所思: 別東林寺僧」, 동림사 길손 떠나보내는 곳, 달이 뜨고 흰 원숭이 우짖네. 웃으며 이별하니 여산은 멀어졌건만, 어찌 호계 건넜음을 근심하리오. 東林送客處, 月出白猿啼, 笑別廬山遠, 何煩過虎溪)가 맨 앞에 실려 있고, 이어 중국 사행에서 태조 왕건의 친필을 입수하게 된 경위와 동화사 모임에서 연구시聯句詩를 쓰게 된 경위를 적은 포은의 친필로 된 발문跋文이 있으며, 그 뒤에 일곱 문생들의 친필로 된 연구단시聯句短詩가 있다. 경재는 여기에서 "세상엔 어지러운 기운이 싸늘한데, 풍운 속에서도 아름다운 시 지으셨네(天地冷金氣, 風雲抱玉葩)."라는 내용의 연구단시를 남겼다.

「백원첩」의 앞에다 포은이 적은 2편의 친필 발문 내용은 다음과 같다.

내가 보잘것없는 사람인데도 선왕(恭愍王)의 특별난 은혜를 입던 중 계묘년(1363)과 갑진년(1364) 이후로 나라가 어려움을 당하자 왕명을 받들어 중국에 사신으로 가게 되었다. 그때 총마 유희억이 우리 태조께서 아직 나라를 세우기 전 손수 쓴 절구시絶句詩 두 편을 보여 주었는데, 찬란하고 영롱한 기운이 힘차게 꿈틀거려 형산衡山 구루봉岣嶁峰의 전문篆文과 같이 빼어나면서도 완연히 다른 필적이었다. 총마가 "선대 장군인 유덕劉悳이 양(後梁) 정명貞明 2년(916) 철원(弓裔)을 토벌할 때 이 시를 정표로 써 준 것을 간직해 온 것입니다."라고 말하였다. 이에 나는 일어나 공경스럽게 절을 한 뒤 시 한 편을 나누어 주

포은 정몽주의 발문 2(「백원첩」)

어 동국의 보배로 길이 보존할 수 있기를 청하였더니, 총마가
허락하였다. 긴 시간을 뛰어넘어 감개무량한 일이라 그 전말
을 간략히 머리에 적어 오래도록 전하고자 한다. 오호라, 우리
고려 신민이여.

내가 홍무 5년 임자년(1372)에 왕명을 받들어 중국에 다녀온
뒤 16년 동안 객지생활에 겨를이 없어 제군들과 함께 노닐지
못했는데, 오늘에야 달성 동화사에 와서 지기들과 만나 놀게

되었다. 이보림, 이종학, 길재, 홍진유, 고병원, 김자수, 김약시, 윤상필, 홍로, 이행, 조희직, 도응, 안성 열세 명이 술을 많이 마시고 나서 우리 태조께서 손수 써서 유장군에게 준「소사所思」라는 시 한 수를 받들어 본 뒤 각각 연구聯句 한 수를 지어 직접 쓰도록 했다.

정묘년(1387) 8월 15일 정몽주

우선 여기에서 눈에 띄는 것은 13인 중 야은冶隱 길재吉再의 이름이다. 뒷날 야은은 포은을 이어 동방 도통을 전한 제1인자로 받들어졌지만 정작 두 사람간의 관계를 사실적史實的으로 밝혀줄 자료가 없었던 것이 큰 문제였는데, 바로 이「백원첩」이 이에 대해 잘 답해 주고 있다. 이뿐만 아니라 이 모임이 어떠한 과정과 무슨 목적으로 모였는지 정확히 알 수는 없지만, 여기에 참석한 많은 인물들이 뒷날 포은과 정치적 입장을 같이 했음을 볼 수 있다는 점에서 중요한 의미를 갖는다. 야은은 삼은三隱의 한 사람으로서 다시 더 설명할 필요가 없으며, 행적이 확인되는 인물 가운데 경재는 야은과 동향 출신으로 그와 마찬가지로 고향으로 물러나 고려왕조와 운명을 같이 했으며, 김자수와 김약시, 이행, 도응, 안성 등은 조선이 건국되자 은거하여 조정에서 불러도 나아가지 않았고, 이종학은 목은 이색의 둘째 아들로 조선 건국 직후 피살되었다. 이 가운데 몇 사람의 행적을 간략히 정리하면 다음과 같다.

먼저 야은은 목은 이색, 포은 정몽주와 더불어 삼은三隱의 한 사람으로 1353년(공민왕 2) 선산부善山府 해평현에서 태어났으며, 1419년(세종 1) 67세를 일기로 세상을 떴다. 자는 재보再父이다. 그는 18세(1370) 때 상주사록尙州司錄 박분朴賁의 문하에 나아간 뒤 상경하여 목은과 포은, 양촌陽村 권근權近의 문하에서 종유하였다. 그 뒤 관직을 두루 거쳤으며, 문하주서門下注書로 있을 당시인 38세(1390, 창왕 2) 때 위화도회군으로 이성계가 정치적 야욕을 드러내자 노모 봉양을 이유로 사직하고 고향으로 돌아왔다. 그는 다음 해 관직이 내렸으나 나아가지 않았다. 1392년 조선이 개국한 뒤 48세(1400, 정종 2) 때 다시 조정의 부름을 받았으나 나아가지 않다가 독촉하는 명이 내려와 어쩔 수 없이 상경하였다. 당시의 회포를 읊은 시조가 유명하다.

오백년 도읍지를 필마로 돌아드니
산천은 의구하되 인걸은 간 데 없다.
어즈버 태평연월이 꿈이런가 하노라.

상경 후 태상박사太常博士의 관직이 내리자 그는 불사이군不事二君의 의리를 들어 다음과 같이 사직 상소를 올렸다.

진퇴의 거취를 돌아보매 실로 명교의 경중에 관계되옵니다.

신이 비록 두꺼운 얼굴로 영화를 입는다 하더라도 사람들은 반드시 눈 흘기고 손가락질하고 비웃을 것입니다. 엎드려 바라옵건대, 밝고도 무사無私하게 살펴서서 신의 옮기지 못하는 충성을 어여삐 여기시고 신의 빼앗기지 않으려는 뜻을 헤아리시어 다시금 고향에 돌아가 여생을 보전하게 하여 주소서. 그러시면 성상께서는 절의를 장려한다는 이름을 얻게 되고, 신은 임금을 섬긴다는 의리를 얻게 될 것입니다. 삼가 깊숙한 산중에 파묻힌 채 하해와 같은 성은에 살며 하늘과 땅처럼 장구하고 무강한 수를 누리옵기를 빌면서 자나 깨나 두 임금 섬기지 않는 마음을 다할까 합니다.

야은이 이와 같이 정종에게 불사이군의 마음을 밝히자 임금도 그의 뜻을 받아주는 것이 절의를 장려하는 데 좋을 것 같다고 생각하여 예를 다해 돌려보냈다. 고향으로 돌아와 유유자적하며 살아가는 그를 당시 경상감사로 있던 남재南在가 찾아와 쓴 시에서 "고려조 오백년에 오직 선생 한 분이시라, 한 시대의 공명이야 어찌 영화로 보랴. 늠름한 맑은 바람 천지에 가득 불어, 우리 조선 억만년에 그 성망 영원하리."라고 그의 충절을 기렸다. 이후 변계량卞季良 등 당시 명유제현들은 남재의 시에다 그의 효성과 충절을 기리는 많은 차운시를 남겼으며, 그의 스승인 권근도 차운시와 함께 서문에서 그의 충절을 높이 기렸다.

이종학(1361~1392)은 본관이 한산韓山이고, 자는 중문仲文, 호는 인재麟齋이며, 이곡李穀의 손자이고, 이색李穡의 둘째 아들이다. 관직 생활 중 공양왕이 즉위한 뒤 부친 이색이 탄핵을 받게 되자 함께 쫓겨났으며, 1390년(공양왕 2) 윤이尹彝·이초李初의 옥사에 연루되어 부자가 모두 청주의 옥에 갇혔다가 마침 홍수가 나서 사면되었으나 다음 해 다시 원지로 유배되었다. 그 뒤 다시 소환되었으나, 1392년 포은이 살해된 뒤 도은陶隱 이숭인李崇仁 등과 함께 탄핵을 받아 함창으로 유배되었다. 이 해 조선이 건국되고 귀양지를 장사현長沙縣으로 옮기는 도중 정도전鄭道傳의 무리에 의해 무촌역茂村驛에서 살해되었다. 두문동杜門洞 72현 중 한 사람이다.

김자수(1351~1413)는 본관이 경주이고, 자는 순중純仲, 호는 상촌桑村이다. 안동에서 태어난 그는 23세 때인 1374년(공민왕 23) 문과에 장원급제한 뒤 성균관대사성과 경기도관찰사, 형조판서 등을 지냈다. 조선 개국 후 고향인 안동에 은거하면서, 태조가 대사헌으로 불러도 나가지 않다가 다시 태종이 1413년(태종 13) 형조판서로 부르자 한양으로 가는 길에 "나는 지금 죽을 것이다. 오직 신하의 절개를 다할 뿐이다. 내가 죽으면 바로 이곳에 묻고, 비석을 세우지 말라."라는 말을 아들에게 남기고 음독 자결하였다. 그가 자결한 뒤 묻힌 곳은 포은의 묘소와 불과 산등성이 하나가 있는 가까운 곳이다. 그는 자결하면서 "평생토록 지킨 충효, 오늘날 그 누가 알아주랴. 한 번의 죽음 무엇을 한하리오만, 하늘은 마땅히 알아줌이 있으리라(平生忠孝意, 今日有誰知, 一死吾休恨, 九原應有知)."라는 절명시를 남겼다. 두문동 72현 중 한사람이다.

김약시(1335~1406)는 본관이 광산光山이다. 1383년(우왕 10) 문과에 급제하여 직제학直提學 등을 지냈다. 고려가 망하자 은거하였으며, 태조가 원래의 관직을 내렸으나 병을 핑계대고 나아가지 않았다. 그는 집안사람들에게 "내가 좋지 못한 시기에 태어나서 종묘사직의 망함을 직접 보고도 죽지 못하고 또 훌쩍 속세를 벗어나 멀리 숨지도 못하는 것은 선조의 무덤이 여기에 있기 때문이다. 내가 죽거든 곧 여기에 장사하되 봉분도 하지 말고 비석도 세우지 말고 다만 둥근 돌 두 개를 좌우에 놓아두고 망국의 천부賤夫임을 표시하는 것으로 족하다."라고 말하였다. 두문동 72현 중 한 사람이며, 순조 때 이조판서 겸 홍문관대제학 등에 추증되고, 시호는 충정忠定이다.

이행(1352~1432)은 본관이 여주驪州이고, 자는 주도周道, 호는 기우자騎牛子이다. 1371년(공민왕 20) 과거에 급제하여 한림수찬이 된 뒤 여러 관직을 지냈다. 1390년(공양왕 2) 윤이·이초의 옥사가 일어나자 이에 연루되어 목은과 함께 청주옥에 갇혔으나 수재로 석방되었다. 그 뒤 예문관대제학 등을 지냈고, 1392년에는 포은을 살해한 조영규趙英珪를 탄핵하였다. 고려가 망하자 예천동醴泉洞에 은거하였다. 1393년(태조 2) 고려의 사관史官이었을 때 이성계를 무고한 죄가 있다 하여 사헌부의 탄핵을 받아 가산이 적몰되고 울산에 귀양 갔다가 이듬해에 풀려났다. 시호는 문절文節이다. 두문동 72현 중 한 사람이다.

조희직(생졸년 미상)은 본관이 창녕昌寧이며, 1356년(공민왕 15) 정언正言으로 있을 때 정추鄭樞, 이존오李存吾 등과 신돈辛旽을 탄핵하였다가 전남 진도로 쫓겨난 적이 있다. 이성계와 사촌 동서지간이지만 출사 요구에 응하지 않은 채 진도에 압구정鴨鷗亭을 짓고 유유자적하며 살았다. 두문동 72현 중 한 사람이다.

도응(생졸년 미상)은 본관이 성주星州이고, 자는 자예子藝, 호는 청송당靑松堂이다. 태조 이성계의 죽마지우로 고려 말 문하첨의 찬성사를 지냈다. 조선 건국 후 태조가 옛 정을 생각하여 상장군 등 다섯 차례나 불렀으나 끝내 나아가지 않은 채 홍주 노은동에 은거하였다. 태조가 그의 곧은 절의를 찬탄하여 내려준 호가 청송당이며, 두문동 72현 중 한 사람이다.

안성(?~1421)은 본관이 광주廣州이고, 자는 일삼日三, 호는 설천雪泉과 천곡泉谷이다. 1380년(우왕 6) 문과에 급제하여 상주판관 등을 지냈다. 조선 개국 후 1393년(태조 2) 청백리에 뽑혀 송경유후松京留後에 임명되었을 때, "자신이 대대로 고려에 벼슬한 가문으로서 어찌 다른 사람의 신하가 되어 송경에 가서 조상의 영혼을 대하랴." 하고 궁전 기둥에 머리를 부딪치며 통곡하니, 태조가 "이 사람을 죽이면 후세에 충성하는 선비가 없어진다." 하고 죽이려는 좌우의 사람들을 제지하고 그를 급히 내보냈다 한다. 이후 관직에 나아가 강원도관찰사 등을 지냈으며, 시호는 사간思簡이다. 두문동 72현 중 한 사람이다.

위 동화사 모임에 참석한 13인 중 행적이 잘 확인되지 않는 홍진유, 고병원, 윤상필 3인과 익재의 손자인 이보림을 뺀 9인 중 8명이 두문동 72현에 포함되었으며, 경재 홍로도 고려 멸망과 함께 자진순절하여 두문동서원杜門洞書院에 배향된 사실에서 볼 때, 이들이야말로 포은과 충절을 같이 한 지우이자 문생들이라고 볼 수 있다. 그리고 야은 길재를 위시하여 이보림, 이종학, 김자수, 도응, 이행, 홍로 등이 모두 포은과 동향인 영남 중북부 일대의 인물이라는 점에서 이들을 중심으로 영남 포은 학맥과 학파를 상정해볼 수 있겠으며, 또한 포은을 이은 여말선초 영남 절의학파라고 불러도 큰 무리는 없을 것이다.

3. 짧은 관직 생활, 그리고 귀향

1) 문하사인에 오르다

경재는 크게 과거에 뜻을 두지 않았으나, 부친이 "대저 어려서 글을 배우는 것은 커서 실행함에 있는데 하물며 어버이가 늙어 집에 있음에랴!"라고 한 말을 받들어 마침내 22세(1387, 우왕 13) 때 생원시生員試에 급제하고, 이어 25세(1390, 공양왕 2) 때 별시別試 문과文科에 급제하였다. 당시 지공거知貢擧는 문하평리門下評理 성석린成石璘이고 동지공거同知貢擧는 조준趙浚이었으며, 허조許稠와 피자휴皮子休, 최이崔伊 등이 동방급제하였다.

문과 급제 후 그는 포은의 추천으로 한림학사를 지냈으며, 1

년여 만에 특진, 정4품직인 문하사인門下舍人에 올랐으니, 국왕의 기대와 총애가 남달랐음을 알 수 있다. 동방급제한 피자휴도 일찍이 「행장」에서 "공은 젊은 나이에 문장이 훌륭하고 덕망이 높아서 함께 급제한 사람들 중에서 뛰어났으니, 조정 내에서도 추앙을 받았다. 임금님께서 지극히 사랑하시어 차례를 밟지 않고 한림학사를 제수하심에 문하사인에 올랐다."라고 적고 있다. 그때 포은이 문하시중門下侍中으로 국정을 총괄하고 있었다.

그러나 당시는 위화도회군 뒤 이성계 일파가 신왕조 수립의 야욕을 노골화하면서 고려왕조의 운명은 오직 포은 한 사람에게 달려 있던 상황이었다. 그는 스승 포은의 진영에 서서 있는 힘을 다해 고려를 부지하고자 애썼다. 관직에 나아간 직후인 1390년 이성계 일파인 조박趙璞과 오사충吳司忠 등이 윤이尹彝·이초李初의 사건으로 귀양 가 있던 이색과 조민수曺敏修 등에게 추가로 죄줄 것을 상소했을 때 조정의 신하들이 겁을 먹고 감히 아무도 말을 하지 못하고 있었는데 그가 임금께 밀계를 올려 귀양지에서 그들을 불러오도록 하였다.

전해(1389)에 야은은 이성계가 위화도회군을 한 뒤 '폐가입진廢假立眞'의 명분 아래 우왕禑王에 이어 창왕昌王까지 폐위한 뒤 공양왕恭讓王을 세우는 것을 보고 관직을 버리고 고향인 선산 해평으로 돌아갔다. 당시 부림은 의흥현에 속했는데, 의흥현이 선산의 속현屬縣이었으므로 야은과 경재는 같은 고향 출신이다.

경재는 나날이 형세가 불리해지자 마침내 귀향을 결심하게 된다. 때는 1392년(공양왕 3) 1월이었다. 그는 젊은 나이에 청운의 뜻을 접고 2년의 시간도 채 지나지 않아 「귀전음歸田吟」을 읊으며 늙은 부모님이 기다리고 있는 고향땅으로 돌아오게 된 것이다. 그는 부득이 임금 곁을 떠나게 된 비통한 심회를 다음과 같이 읊었다.

「품은 뜻을 읊음[寫懷]」

평생토록 충과 의를 마음속에 가득 담아	平生忠義蘊諸心
임금과 백성 위한 포부가 깊었건만	致澤君民抱負深
모든 일이 이제 와 품은 계책에 어긋나니	萬事于今違宿計
차라리 돌아가 자연에 묻혀 살리.	不如歸去臥雲林

「귀향길 심경을 읊음[歸田吟]」

산천에 가을 들자 나뭇잎 흘날리니	秋入扶蘇木葉飛
내 고향 어채 맛은 참으로 좋으리라.	故園魚菜政甘肥
삼 년간 타향살이 고향집 더욱 멀어	三年作客庭闈曠
천리 밖 부모 생각 벼슬 뜻이 없어지네.	千里思親宦念微
임 하직한 오늘 아침 마음 못내 애달프니	辭陛今朝心眷眷
돌아간 뒤에라도 꿈엔들 잊을손가.	歸田他日夢依依
남쪽으로 향하는 길 궁궐 점점 멀어지니	宸居漸遠南還路

보 호 수

지정번호 : 11-12-4-9-1
수　　　종 : 왕버들 3본
수　　　령 : 400년
지정일자 : 1982.10.29.
소 재 지 : 부계면 남산리 296

보호수 표지석

양산서원 담 밖 왕버들

나귀야 너의 걸음 부디 더디 걸어 다오.　　　　　行邁遲遲懶勸騑

　　그는 귀향할 때 포은을 직접 만나지 못했다. 그렇지만 둘은 긴밀하게 서신으로 소식을 주고받고 있었다. 그가 귀향한 뒤 포은은 "득지득지得之得之!"라고 말하였으니, 이것은 진실로 "득지(경재의 자)가 뜻을 얻었도다!"라는 뜻으로 그가 귀향하는 뜻을 높이 사면서 자를 가지고 찬탄하여 말한 것이다.

　　고향으로 돌아온 그는 집 앞 냇가에 처소를 마련하고 경재敬齋라 편액한 뒤 자호自號로 삼았으며, 진의 처사 도연명陶淵明의 고결한 행적을 좇아 마을 이름을 율리栗里로 바꾸고 문앞에는 다섯 그루의 버드나무를 심었다. 그리고 그의 시를 즐겨 읊으며 지낸 채 일절 사람을 만나지 않았고 전한다. 하지만 이것이 어찌 그의 참다운 모습이었겠는가?

2) 예사롭지 않은 귀향

　　경재의 귀향은 예사롭지 않은 면이 있다. 먼저 그가 허조에게 준 시를 한번 살펴보자.

「사간 허조에게 [許司諫稠]」
어젯밤 꿈속에 부모님을 뵈었는데　　　　　昨夜雙親入夢來

오늘 아침 깨어나니 벼슬할 뜻 더욱 없다.	今朝倍覺宦情灰
하 많은 괴로움을 어느 뉘에 호소할고	多端苦緒吾誰告
울적한 이 마음을 잠시 풀어 보내노라.	壹鬱心懷爲暫開
나라 지킬 사람 없어 이별 자리 슬프고	補闕乏人悲仗馬
임 도울 재주 없어 부끄럽기 그지없네.	致君無術愧涓埃
떠나는 이 자리서 은근한 나의 뜻은	離筵多少殷勤意
나라를 바로잡아 태평성세 이룸일세.	扶厦昇平勉憲臺

허조는 동방급제한 동향의 절친한 벗이다. 경재가 세상을 뜬 뒤 8년 후 그는 경재의 시집 서문을 짓기도 했다. 그런 그에게 경재가 귀향하며 "나라 지킬 사람 없어 군마도 슬프구나. 임 도울 힘 없으니 부끄럽기 그지없네. 떠나는 이 자리서 은근한 나의 뜻은, 나라를 바로잡아 태평성세 이룸일세."라고 한 것을 보면, 내심 고려를 부지할 모종의 계획을 품고 있었던 것으로 짐작된다. 이를 더욱 뒷받침할 만한 내용은 그가 포은과 주고받은 서찰의 내용이다.

「포은 선생에게 올리는 글[上圃隱先生書]」

저 홍로는 봄 날씨가 아직 차가운데 선생님의 기력이 어떠하신지 머리 숙여 여쭙니다. 장인 댁에 좋지 못한 일이 있어 이제

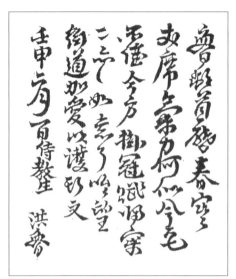
「포은 선생에게 올리는 글[上圃隱先生書]」

막 벼슬을 버리고 고향으로 돌아가려 하온데 적적하겠지만 품은 뜻은 같은 따름입니다. 오직 바라옵건대 도를 지키는 데 더욱 애쓰셔서 우리 유학을 보호해 주십시오.

임신년(1392) 2월 1일 시교생 홍로

「포은 선생이 답한 편지[圃隱先生答書]」

편지를 받아 보고, 좋지 않은 상황 속에서도 기개가 아주 빼어남을 알게 되어 매우 기쁘오. 목옹(牧隱 李穡)은 어제 여강(여주)에 가서 아직 돌아오지 않았는데, 오늘은 남군으로 가 입성

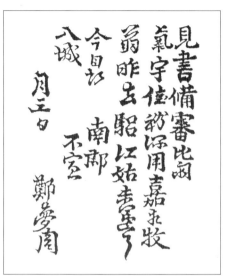

「포은 선생이 답한 편지[圃隱先生答書]」

할 것이오. 이만 줄입니다.

(2)월 3일 정몽주

이 서찰은 경재가 송경을 떠나 귀향할 즈음의 것이다. 서찰의 내용은 무척 짧아 전후 사정을 잘 알기가 어렵다. 그렇지만 군사와 관계된 내용인 듯하며, 상황이 몹시 긴박했음을 느낄 수 있다. 그리고 그가 목은, 포은과 함께 모종의 일을 도모하고 있었음도 알 수 있다. 당시는 이미 중앙의 권력과 군권이 이성계의 손아귀에 들어간 상황이었다. 경재의 때 이르며 갑작스런 귀향은 바로 이렇게 긴박한 상황에서 이뤄졌으며, 그가 귀향한 곳이 바로 포은과 동향이란 점도 눈여겨 볼 필요가 있다. 애석한 점은 이 서찰이 경재가 세상을 뜬 지 500년이 넘어서야 발견되었다는 것이다. 그러나 두 사람의 필적을 볼 때, 이것이 진본임은 의심의 여지가 없다.

귀향 후에도 경재는 늘 송도에서 돌아가는 일에 귀 기울이고 있었다. 그해 4월 경재는 김진양金震陽이 이성계 일파를 제거하고자 상소를 올렸다는 소식을 듣고 한탄하며 그가 곧 죽임을 당할 것이라고 하였는데 정말 그렇게 되었다. 뒤이어 포은이 선죽교에서 이방원李芳遠의 부하인 조영규趙英珪에 의해 참화를 당했다는 비보를 접하게 된다. 결국 그는 깊은 슬픔과 실의 속에서 나날을 보내게 된다.

4. 고려와 함께 자진순절하다

마침내 이성계가 신왕조를 세운다는 소식을 접하고, 경재는 7월 4일 곡기穀氣를 끊은 채 지내다 열사흘이 지난 7월 17일 사시巳時에 자진순절自盡殉節하였으니, 이 날은 고려가 망하고 조선이 선 바로 다음날로, 향년은 27세였다. 당시의 자세한 사정을 번암樊巖 채제공蔡濟恭은 「묘갈명墓碣銘」에서 다음과 같이 적었다.

얼마 안 되어 포은의 죽음을 듣고 슬퍼하며 "사람은 없어지고 나라도 함께 망했도다."라 말하고 이로부터 슬픔에 잠겨 그해 7월 초에 병을 얻었는데 17일 새벽에 일어나 "지난밤 꿈에 태조 대왕을 뵈었다. 나는 오늘 죽을 것이다."라 하고 사당에 들어가 절하고 아버님 진사 공 침실에 나아가서 꿇어앉아 가르 침을 받고 다시 북쪽을 향하여 임금님께 사배四拜하면서 "신臣 은 나라와 함께 죽나이다."라고 말한 뒤 의관을 바로하고 자리 에 누워 자는 듯이 세상을 뜨니 그때의 나이 스물일곱이었다.

경재의 「행장行狀」은 동방급제한 피자휴가 적었다. 그러나 당시는 경재가 고려를 위해 순절한 지 1년밖에 지나지 않아 집안 사정이 아직도 황망하여 선생의 몇몇 유문遺文마저 미처 수습하 지 못한 때였다. 이뿐만 아니라 새롭게 이씨 왕조가 막 시작되던 때라 전조前朝를 위해 자진순절한 사실은 멸문의 화를 입을 수 있 으므로 감히 발설하지 못할 상황이었다. 따라서 피자휴가 쓴 행 장의 내용은 자연 소략할 수밖에 없었다. 이러한 연유로 시간이 흐르면서 그의 행적은 점차 가려지고 때로는 왜곡되게 전해짐을 면하기 어려웠다.

경재의 행적을 전한 것은 시 몇 편과 앞에서 말한 피자휴의 「행장」(1393) 및 허조의 시집 「서문」(1400)이 전부였다. 이렇게 가 전으로 300여년을 지내오다 영·정조 시기에 와 비로소 사묘와 서원을 세우고 묘비를 새롭게 세우며 실기 발간을 서두르면서 그 의 행적이 더욱 뚜렷이 드러나기 시작했다. 마침 그 무렵은 영조 의 탕평책을 통해 영남지역 남인들이 어느 정도 정치적으로 복권 이 되어 분위기가 무르익고, 정조가 절의와 효열孝烈을 한껏 표창

경재 묘소 전경

하게 되면서 생육신과 사육신들뿐만 아니라 전 왕조의 충신들도
함께 현창되기 시작한 때이기도 했다. 이에 명유名儒·석학들이
입을 모아 경재의 충절을 높이 기렸다. 번암은 그의 「묘갈명」에
서 다음과 같이 말했다.

고려의 국운이 기울어짐에 야은은 가고 포은은 죽고 목은은
절개를 꺾지 않고 몸을 마쳤으니 이것은 그 의義를 행함에 있
어 각기 그 방법은 다르지만 나라를 위해 몸을 바친 점에 있어
서는 같은 것인데, 경재 홍공이 그의 뜻을 숨기고 사람에게 알
리지 않으려고 한 그 자취는 아름다운 일이라 하지 않을 수 없

다. 군자들이 선생을 삼은三隱의 반열에 두었으니 그 어찌 근거 없이 논평한 것이리오.

실제로 이 시기를 전후해서 경재를 포은이나 야은의 반열에 두고 말한 문자가 수갈시운竪碣時韻의 차운시次韻詩와 기문記文, 봉안문奉安文, 발문跋文, 상량문上樑文, 상소문上疏文 등 수많은 곳에서 발견된다. 이와 같은 문적文跡을 남긴 대표적인 유현들로 대산大山 이상정李象靖, 소산小山 이광정李光靖, 천사川沙 김종덕金宗德, 낙파洛坡 류후조柳厚祚, 긍암肯庵 이돈우李敦禹, 척암拓菴 김도화金道和 등이 있다.

경재의 경우 그가 세상을 뜬 지 500년도 더 지나 귀중한 문적文籍들이 연이어 발견되면서 그의 충절이 더욱 분명히 드러나게 되었다. 그렇지만 '자진순절'하였음이 끝내 분명하게 명시되지 않아, 필자가 유관 사료들을 모아 국사편찬위원장을 지낸 조동걸 박사에게 양산서원 복원기문을 부탁하면서 조심스레 엄정한 사필을 청하였는데, 사료를 세심히 살펴보고 심사숙고 끝에 곡기를 끊은 채 열사흘만에 자진순절한 것으로 판정하였다.

경재는 부계면缶溪面 동쪽 시현市峴 간좌지원艮坐之原에 묻혔으며, 배위配位는 홍양위씨興陽韋氏 상공相公 신철臣哲의 따님으로, 아들 재명在明을 두었다. 그는 젊디젊은 나이에 자진순절하면서 장문의 「가훈시家訓詩」를 남겼으니, 이는 유언과도 같은 것이었다.

하늘이 뭇 사물을 낳으실 때,	皇天豊賦與
우리 인간에게 사물의 법칙을 갖추어 주셨으니,	物則備吾人
어버이께 효도함엔 밝은 표정 먼저 하고,	子孝先愉色
나라에 충성함엔 몸 바침을 귀히 하라.	臣忠貴致身
지극한 정성으로 조상(陟降)의 뜻을 이으며,	至誠承陟降
항상 공경하여 나쁜 언행(飛語와 淪沒) 짓지 말라.	庸敬閑飛淪
친구를 사귈 땐 겸손하고 친절히 하며,	交友思偲切
일가를 대할 때는 화목함에 힘쓰라.	惇宗務睦親
혼자 있을 때일수록 더욱더 방심 말고,	獨居尤戰戰
여러 사람 있는 곳엔 정성과 공경을 다하라.	羣處必恂恂
순임금은 꿈속에서도 착한 일만 생각했고,	舜枕師爲善
탕임금은 목욕할 때마저 새로움을 되새겼다.	湯盤法日新
옷깃을 바로 하여 엄숙한 태도 보이고,	整襟輸肅厲
단정하게 앉은 모습 봄 동산 같이 하라.	端坐圃和春
뜻은 언제나 도에다 두고,	志念恒存道
가난하다고 근심하지 말라.	憂愁不以貧
아무리 작은 일이라도 이치에 맞게 하며,	闡微探理窟
선조의 세덕을 계승하고 좋은 이웃 선택하라.	襲馥擇芳鄰
집에 들어와서는 분수를 지키고,	入室安吾分

밖에 나가서는 손님 대하듯 조심하며,	出門戒大賓
일상생활을 함에 있어서는,	當行日用事
항상 순리를 지키도록 힘쓰라.	隨遇勤持循
상례 혼례 장례는 지극함을 다하고,	克盡喪昏葬
예절 의리 인덕을 두루 행하라.	周旋禮義仁
사랑하고 미워함을 편벽되게 하지 말고,	愛憎須勿僻
남과 나를 구별하여 보지 말라.	物我固無畛
절개를 지킬 때는 목숨을 가벼이 알고,	砥節當輕命
청렴한 마음은 지푸라기라도 무겁게 알라.	勵廉芥重珍
남을 칭찬할 때는 작은 선행도 드러내어 주고,	揚人無細行
나를 닦음에는 작은 잘못도 용서하지 말라.	修己絶纖塵
내 몸이 삼재(天地人)의 하나임을 가만히 생각하고,	默會參三杪
오륜을 항상 가슴 깊이 새겨 두라.	服膺敍五倫
일심으로 도학을 닦으며,	一心游道學
만사는 천리를 따라 처리하라.	萬事聽洪勻
세속의 잡된 일은 아예 생각지 말고,	噓嗒麾塵慮
화평한 정신으로 참된 본성 수양하라.	沖恬養性眞
여기 적은 일들을 힘써 행할지니,	於茲須勉勉
그러므로 내 거듭 당부하노라.	所以語申申

그의 묘비는 임진왜란 이전에 세워졌으나 문자가 심하게 마

경재 묘비(채제공)   경재 묘비(심재완)

멸되어 1771년에 다시 세웠다. 이때 번암이 이전 묘갈을 바탕으로 새롭게 「묘갈명」을 지었다. 현재 그의 묘소 앞에는 이 비와 함께 한글로 번역된 비가 양쪽 나란히 서 있다. 그리고 1964년 그의 유허지인 양산서원 옆에 유촉비를 세웠다. 유촉비 전면에는 "高麗門下舍人敬齋洪先生遺躅"(고려 문하사인 경재 홍선생의 유적지)이라고 적혀 있고, 후면에는 "首陽白日, 栗里淸風"(수양산의 白日이요, 율리의 淸風이로다)이라는 글에 이어 그 아래에 "壬申七月十七日是日麗亡之翌日"(임신년 7월 17일, 이날은 고려가 망한 다음날이다)이라고 적혀 있다.

　문집인 『경재선생실기敬齋先生實紀』는 몰후 434년이 지난 1826년에 초간되었으며, 서문(1788)은 예조참판 이헌경李獻慶이,

경재 유촉비

후서後敍는 조채신曺采臣이, 발문(1790)은 이조참의 정범조丁範祖
가, 지識(1826)는 전 사간원정언 홍종섭洪宗涉이 지었다. 한 차례
중간되었으며, 역본으로 『경재홍로선생실기』(홍우흠·홍원식 역편)
가 있다. 『경재선생실기』 목판은 2011년 한국국학진흥원에 기
탁, 보관 중 2015년 본 목판을 포함한 장판각 소장 6만여 목판이
유네스코 세계기록유산으로 등재되었다.

5. 도학을 열다

　　대의명분을 앞세워 고려와 함께 자진순절한 경재의 행적에서 우리는 도학자로서 그의 모습을 분명하게 볼 수 있었다. 경재는 포은과 같은 고향에서 태어나 일찍이 그의 문하에 들고 함께 어울렸으며, 관직에 나아가서도 그의 편에 섰고 대의명분을 지키다 그와 함께 순절하였다. 이뿐만 아니라 성리학에서도 같은 길을 걸었다. 그야말로 그는 포은과 '동도동학同道同學'의 길을 걸었다.

　　경재가 성리학과 관련하여 남긴 글은 많지 않다. 그러나 포은 역시 그가 성리학에 대한 조예가 깊었으며 주자학 정통의 입장에 섰음을 확인할 수 있는 글은 여럿 있으나 직접적으로 그의 성리설을 확인할 수 있는 문자는 거의 없으며, 야은의 경우는 이와 관련된 문자를 더욱 찾을 수 없다. 이것은 아마도 당시까지 성리학에 대한 이론적 연구가 깊이 있게 이뤄지지 않았음을 말해 준다고 볼 수 있겠다. 이러한 까닭에 경재가 남긴 성리학과 관련된 글이 비록 몇몇에 지나지 않지만, 그 의미는 결코 가볍지 않다고 본다. 특히 그가 어지러운 정치적 상황 속에 27세에 요절하였으면서도 이 몇 편의 성리학 관련 글을 남겼다는 것이 귀중할 따름이다.

먼저 우리는 그가 낙향한 뒤 '경재敬齋'라고 자호한 것을 주목할 필요가 있다. 중국 북송 시기 정이程頤(호 伊川)가 경敬을 통한 마음공부를 중시하며 '주일무적主一無敵'으로 그 의미를 푼 뒤 그의 제자인 사량좌謝良佐는 '상성성常惺惺'으로, 윤돈尹敦은 '수렴기심收斂其心'으로 그 의미를 풀었으며, 뒷날 남송南宋의 주자朱子가 이전 선현들의 경에 대한 의미를 모두 받아들인 뒤 '정제엄숙整齊嚴肅'의 의미를 더함으로써 경은 주자학의 가장 핵심적인 마음공부의 내용이자 방법으로 받아들여졌다.

그렇지만 주자학과 대립한 또 다른 성리학자인 남송의 육구연陸九淵은 자신의 상산학象山學을 전개하면서 비록 존덕성尊德性의 마음공부를 강조하기는 하였지만, 경을 통한 마음공부는 말하지 않았으며 도리어 적극적으로 비판하였다. 고려 말 원나라로부터 성리학을 도입할 무렵 원나라에서는 주자학과 상산학이 각축을 벌이는 가운데 절충적 사조 또한 크게 일어났던 상황이었음을 감안할 때, 그가 '경재'라고 자호한 것은 스스로 주자학 정통의 입장에 서 있었음을 잘 말해준다고 볼 수 있다. 그리고 이것은 이황李滉의 퇴계학退溪學이나 조식曺植의 남명학南冥學에서 볼 수 있듯 이후 경공부를 특히 중시하는 도학道學과 한국 주자학의 선하先河를 열었다고 볼 수 있다.

이렇게 경공부를 중시한 관점은 단지 경재라고 자호한 데에서만 나타나는 것이 아니다. 자진순절하면서 그가 후손들에게 유훈처럼 남긴 「가훈시」에서도 그대로 나타나고 있다. 곧 그는 "하늘이 뭇 사물을 낳으실 때, 우리 인간에게 사물의 법칙을 갖추어 주셨으니, 어버이께 효도함엔 밝은 표정 먼저 하고, 나라에 충성함엔 몸 바침을 귀히 하라. 지극한 정성으로 조상의 뜻을 이으며, 항상 공경(敬)하여 나쁜 언행 짓지 말라."로 시작한 뒤 "혼자 있을 때일수록 더욱더 방심 말고, 여러 사람 있는 곳엔 정성과 공경을 다하라. 순임금은 꿈속에서도 착한 일만 생각했고, 탕임금은 목욕할 때마저 새로움을 되새겼다. 옷깃을 바로 하여 엄숙한 태도 보이고, 단정하게 앉은 모습 봄 동산 같이 하라. 뜻은 언제나 도에다 두고, 가난하다고 근심하지 말라."라고 유훈하면서 "절개를 지킬 때는 목숨을 가벼이 알고, 청렴한 마음은 지푸라기라도 무겁게 알라. 남을 칭찬할 때는 작은 선행도 드러내어 주고, 나를 닦음에는 작은 잘못도 용서하지 말라. 내 몸이 삼재의 하나임을 가만히 생각하고, 오륜을 항상 가슴 깊이 새겨 두라. 일심으로 도학을 닦으며, 만사는 천리를 따라 처리하라. 세속의 잡된 일은 아예 생각지 말고, 화평한 정신으로 참된 본성 수양하라."라는 말로 끝맺고 있다.

그는 여기에서 항상 참된 마음으로 효충孝忠할 것과 '한사존성閑邪存誠'과 '지경함양持敬涵養', '신독愼獨'과 '계신공구戒愼恐懼', '일신우일신日新又日新'으로 마음을 닦으며, 도에 뜻을 두어 오로지 도학에 힘쓸 것을 자손들에게 신신당부하고 있다. 여기에서 볼 수 있듯 그는 누구보다 일찍이 '도학'이라는 말을 쓰고 있으며, 그것은 모름지기 경공부를 통한 마음공부에 달려 있음을 또한 말하고 있다.

그는 도학뿐만 아니라 성리학에 대해서도 깊이 있는 논의를 하고 있다.

태극의 이치를 그대는 아는가 모르는가?	太極君知否
나는 이제 이해함이 분명하다네.	吾今辨析明
하늘과 땅이 처음 열리기 전에,	方圓初未闢
리와 기가 먼저 존재했다오.	理氣已先萌
음양과 오행이 정밀하게 엉기고 합하여,	二五精凝合
복잡하게 천지만물 변화 생성되었다네.	紛綸萬化生
그 이치 육상산은 깨닫지 못했으니,	象山曾不曉
있다 없다 논쟁한 일 우습기도 하구나.	貽笑有無爭

태극은 음과 양의 오묘한 이치,	極是陰陽妙
태초에 그것 좇아 조화가 생겨났네.	初從造化生
허한 가운데 참다운 이치 있어,	虛中包實理
음양이 돌고 돌아 그침이 없다오.	二氣斡無停
있다고 어찌 보인다 할 것이며,	有豈云依著
없다고 어찌 보이지 않는다 하리.	無何謂杳冥
주렴계가 초연히 홀로 깨달아,	濂溪超獨寤
영원히 많은 이치 깨우쳐 주었네.	千載牖羣盲

이 시는 그가 동방급제한 벗 최이崔伊에게 지어 보낸 것이다 (「與崔伊論太極圖說二首」). 일찍이 주자와 육구연은 존덕성의 마음공부와 도문학道問學의 경전공부를 놓고 논쟁을 벌였는데, 이를 아호사鵝湖寺에서 시작되었다고 해서 흔히 '아호논쟁鵝湖論爭'이라고 부른다. 두 사람은 이후에도 이 문제에 대해 서신으로 논쟁을 이어가는 가운데 『주역周易』의 "일음일양지위도一陰一陽之謂道"라는 구절과 주렴계(명 敦頤)의 『태극도설太極圖說』 내용을 놓고 새롭게 논쟁을 전개하였다. 주자는 먼저 『주역』의 "일음일양지위도"라는 구절을 "한번 음이 되고 한번 양이 되게 하는 '소이所以(까닭, 이치)'를 도라고 말한다"로 해석한 반면 육구연은 "하나의 음과 하나의 양을 도라고 말한다"로 해석하였다. 주자의 해석은 이전 정이의 견해를 이어받은 것으로, 음양(氣)은 도道(理, 太極)와 구별

됨을 전제로 동정動靜하는 것은 음양이고 음양을 동정하게 하는 것이 바로 도라고 본 것이라면, 육구연은 음양이 바로 도라고 해석하여 음양과 도, 곧 리와 기를 별개의 것으로 구분해 보지 않은 것이다.

그리고 주렴계는 『태극도설』에서 태극 앞에다 '무극無極'이라는 말을 새롭게 더했는데, 이에 대해 주자는 '무극이면서 태극(無極而太極)'이라고 해석하여 '무극'의 의미를 적극적으로 받아들인 반면, 육구연은 '무극'이란 말은 이단異端인 도가道家에서 온 것으로 유학의 입장에서는 결코 받아들일 수 없다는 주장을 폈다. 이렇게 볼 때, 경재가 벗 최이에게 보낸 시 속에서 밝힌 내용은 철저하게 주자학의 입장에 서 있음을 볼 수 있다.

제3장 **경재의 후손들**

부림홍씨는 고려 충신의 후예란 자부심을 마음 깊이 품고 있었던 까닭에 조선 전기에는 출사에 그다지 적극적이지 않았던 것 같다. 향촌에서 세력을 넓히며 주로 중하위의 관직에 진출하였고, 그것도 대부분 무관직이었다. 임진왜란 시기 의흥 의병장 홍천뢰의 경우에서 볼 수 있다시피 조선 중기까지도 이러한 경향은 이어졌다. 부림홍씨는 조선 후기 영·정조 때 와서야 정치적으로 남인 세력이 중용되기 시작하고 전 왕조의 충신들까지 추숭되는 분위기 속에서 현조顯祖인 경재 홍로를 내세우며, 그동안 다져 놓은 향촌에서의 세력을 바탕으로 서서히 유력한 문반 가문으로 성장, 변모하였다.

1. 송강 홍천뢰

1) 의흥 의병장이 되다

홍천뢰洪天賚는 자가 응시應時이고 호는 송강松岡이며, 1564년(명종 19) 3월 23일 경상도 의흥현義興縣 부남면缶南面 율리栗里(한밤마을)에서 출생하였으며, 1614년(광해군 6년) 3월 향년 51세로 고향에서 세상을 떴다. 그는 부림홍씨 14세로 경재의 5세손이며, 증조는 찬瓚, 조는 제문悌文, 부는 덕기德器, 모는 온양溫陽 방씨方氏이다.

그는 21세(1584) 때 별시別試 무과武科 초시에 급제한 뒤 29세 때인 1592년(임진) 4월에 왜란이 일어나자 창의기병倡義起兵하여

홍천뢰 · 홍경승 추모비

의흥 의병장이 되었으며, 이후 인근 신령新寧의 권응수權應銖 의병
진 등과 연합하여 영천성과 경주성 복성전투 등에 참가하면서 큰
전공을 세웠다.

　　그는 일기 형식의 임진왜란 참전기를 남겼는데, 원본이 소실
되어 왜란이 일어난 1592년 4월부터 8월 16일 경주성 복성전투
과정까지만 남아 있다. 그런데 족질族姪인 혼암混庵 홍경승洪慶承
이 그의 휘하에서 함께 참전한 뒤 남긴 『분의록奮義錄』을 보면, 자
신의 전투 기록과 함께 족숙族叔인 홍천뢰의 전투 기록이 상세히

나와 있다.

1592년 4월 13일 고니시 유키나가(小西行長)의 일본군 1번대가 부산포에 상륙하여 이틀 뒤 동래성을 함락한 뒤 기장과 양산을 거쳐 경상 중로中路를 따라 밀양으로 향하고 있을 즈음인 4월 18일 가토 기요마사(加藤清正)가 이끄는 일본군 2번대는 부산포에 상륙한 뒤 동로東路(左路)를 따라 진군하면서 언양, 울산을 거쳐 4월 21일 경주성을 함락하고 이틀 뒤인 4월 23일 영천성에 무혈 입성하였다. 구로다 나가마사(黑田長政)가 이끄는 3번대도 2번대와 같은 날 낙동강 하구 김해에 상륙한 뒤 서로西路(右路)를 따라 함안, 창녕, 합천, 성주, 김천 등을 거쳐 추풍령을 향하였다. 1번대가 밀양(18일)을 거쳐 북상해오자 조정에서는 급히 신립申立을 도순변사都巡邊使로 삼아 적의 침략을 막도록 하였다. 신립의 관군은 청도, 대구(21일), 인동, 선산(24일), 상주(25일), 함창과 문경(26일)을 거쳐 조령을 넘어온 일본군과 4월 28일 배수진을 치고서 충주 탄금대에서 일대 결전을 벌였지만 패하고 만다. 다음날 2번대도 영천에서 신령, 군위, 비안, 용궁, 문경을 거쳐 죽령 대신 조령을 넘어 충주에 입성하였다. 관군의 패전 소식이 전해지자 선조는 황급히 평양을 향해 피난길에 올랐으며, 결국 수도 한양성은 일본군의 침략 20일 만인 5월 3일에 제대로 싸워보지도 못한 채 함락되고 말았다.

일본군은 파죽지세로 북상하는 한편 후방의 안정과 보급로

확보를 위해 중요한 지점마다 일정한 군사를 주둔시켰다. 이들은 주둔지 인근의 마을들을 수시로 약탈하고 저항할 경우 죽이고 불태웠으며, 적극적으로 조선인들을 회유하여 앞잡이로 삼거나 일본군에 편입시켰다. 이 기회를 틈 타 불만을 품은 조선인들이 일본인 행세를 하며 약탈에 나서기도 하였다. 이러한 상황 아래 각 지역에서는 충군애국과 지역의 방어를 위해 자발적인 군사조직이 생겨나기 시작하였다. 경상도 의흥 지역에서 창의기병한 홍천뢰의 의병진도 그 가운데 하나이다.

의흥현은 영천에서 신령을 지나온 일본군이 군위, 문경과 의성, 안동으로 갈 수 있는 경상 동로(左路)의 요충지였다. 의흥은 4월 21일 경주, 4월 23일 영천과 신령에 이어 4월 24일에 함락되었다. 홍천뢰가 기병한 곳은 의흥현 중에서도 팔공산 북사면 아래 부남면 율리로 현치縣治로부터 멀리 떨어진 곳이어서 일본군의 직접적인 침략을 받지 않은 곳이었다.

홍천뢰는 별시 무과 초시 출신으로 고향에 머물던 중 일본군의 침략 소식을 접하고서 곧장 아우에게 부모님을 잘 보살필 것을 부탁한 뒤 기병을 하게 된다. 기병 일시는 정확하지 않지만, 대동大洞과 한천漢川 전투에 참전한 내용을 적고 있다. 대동과 한천은 신령 부근으로, 이 전투에는 신령의 권응수와 영천의 정대임鄭大任 등도 참전한 기록을 남기고 있어 이때 이미 1차 연합부대가 형성된 것으로 볼 수 있다. 홍천뢰의 일기에 따르면, 권응수의 서찰을 받고 합류하게 되었고 정대임도 이때 합류하였으며, 당시 각지에서 모인 의병 수가 1,300여 명이 되었고 대동전투는 5월 6일, 한천전투는 5월 13일에 있었다.

이렇게 볼 때, 홍천뢰가 기병한 일시가 5월 6일에 있었던 대동전투 이전인 것은 분명하다. 그는 족질 홍경승이 4월 19일 자신의 의병진에 들어왔으며, 당시 그는 단독으로 100여 명의 의병을 이끌고 부계缶溪(薪院:섶원) 입구에서 일본군을 만나 물리친 뒤 선후 두 부대로 편성했음을 적고 있다. 부계는 신령에서 군위로 가는 중간 지점에 있는데, 4월 19일에는 아직 일본군이 이곳까지 진격하지 않은 상태여서 며칠간의 차이가 있는 것 같다. 그렇지만 신령과 의흥이 함락된 4월 23~4일을 전후해 그의 의병진이 꾸려져 향리 인근에서 전투를 치렀으며, 곧장 신령의 권응수, 영천의 정대임 의병진 등과 연합하여 5월 초 대동전투에 이어 한천전투를 치른 것으로 볼 수 있겠다.

이들 의흥과 신령, 영천의 연합 의병진은 계속해서 영천의 관노官奴 출신인 희손希孫이 수백 명의 무리를 지어 토적질을 하자 토벌하였는데, 홍경승의 『분의록』에는 그 일자가 5월 18일로 되어 있다. 그리고 홍천뢰는 일본군 100여 명이 고향 율리를 침범하자 정병 300여 명을 데리고 가 친 뒤 본가에는 들리지 않고 아우에게 편지만 남긴 채 5월 26일 본진으로 귀대한 사실을 일기에 기록해 놓았다.

이런 가운데 연합 의병진의 규모가 점점 더 커져 갔다. 곧 영천의 정세아鄭世雅와 정담鄭湛, 조성曹誠, 조희익曹希益, 하양의 신해申海, 자인의 최문병崔文炳, 경산의 최대기崔大期 등의 의병진이 합류하게 된 것이다. 그들이 연합하여 치른 대표적인 전투가 바로 7월 14일 벌인 박연朴淵 전투이다. 박연은 신령 인근으로 의흥과 영천, 하양, 군위 등으로 통하는 요충지였는데, 일본군 백여 명이 봉고어사封庫御史라 사칭하고서 군위에서 영천 방면으로 내려오며 노략질을 일삼자 이들 연합 의병진이 공격하여 남쪽 와촌으로 도망가는 왜군은 정세아와 정대임 등의 의병진이, 그리고 북쪽 군위로 도망가는 왜군은 홍천뢰와 권응수 등의 의병진이 소계召溪까지 쫓아가 격살하였다.

이렇게 영천을 중심으로 한 경상좌도 중부 지역에서 각지의 의병진이 연합하여 큰 전공을 세우고 있을 무렵 조정에서는 밀양부사로 있다가 피신한 적이 있던 젊은 나이의 박진朴晉을 좌병사左兵使(경상좌도 병마사)로 임명하였다. 그는 곧장 안동에 좌병영左兵營을 설치하고, 경상 좌수사左水使 박홍朴泓의 막하에서 어모장군禦侮將軍으로 있다가 고향 신령으로 돌아와 의병을 일으킨 뒤 혁혁한 전공을 세우고 있던 권응수를 조방장으로 삼고 일대의 의병 부대를 총 지휘토록 하였다. 이에 권응수는 홍천뢰 등과 함께 박진의 좌병영에 가서 군사의 기율을 참관하기도 하였다. 그리고 7월 진주성에 있던 초유사招諭使 김성일金誠一은 권응수를 영천지역 의병대장으로 임명하였다.

2) 영천성 복성전투의 선봉장이 되다

7월 14일 박연전투에서 승전한 영천 일대 연합 의병진은 그 여세를 몰아 영천성 수복 전투에 나서게 되었다. 이때에 이르면 관군도 지휘체계를 재정립하여 안동에 머물고 있던 경상 좌병사 박진이 권응수의 연합 의병진을 적극적으로 돕고, 경주 판관 박의장朴毅長과 영천 군수 김윤국金潤國, 신령 현감 한척韓倜, 하양 현감 조윤곤曺胤坤 등 관군도 합세한 가운데 전투를 벌여 영천성을 수복하게 된 것이다.

이렇게 의병과 관군이 연합하여 대규모 전투를 벌인 것과 더불어 함락된 읍성을 수복한 것은 본 전투가 왜란 이후 최초의 일이었다. 더욱이 영천은 경주에서 상주, 안동에 이르는 경상 동로(좌로)의 핵심적인 요충지요, 중로의 대구와도 매우 가까워 무엇보다 일본군의 보급로를 차단하게 됨으로써 왜란의 전세를 뒤집는 데 결정적인 계기를 마련하였다.

이에 이항복李恒福은 이순신의 명량해전鳴梁海戰과 영천성 복성전투가 임진왜란 중 가장 통쾌한 승리였다고 말하였으며, 실록에는 "박진이 영좌嶺左에서 수복한 공로는 이순신의 공과 다름이 없는 것으로 영좌에 자못 생기가 돌고 있다."라고 적고 있다. 당시 도체찰사를 지냈던 류성룡은 『징비록』에서 영천성 복성전투의 승리를 다음과 같이 평가하였다.

영천성을 수복함으로써 일본군이 경주성으로 도망갔고, 이로
인해 이로부터 신령, 의홍, 의성, 안동 등의 일본군이 모두 일
로에 모이게 되고 좌도의 군읍을 확보할 수 있었다. 이는 모두
영천 일전의 공이다.

영천성 복성전투는 7월 24일 성 밖 남쪽 추평楸坪에 진영을
꾸리면서 시작되어 사나흘에 걸친 치열한 전투 끝에 27일 마침내
승전하였다. 당시 홍천뢰를 위시한 전투에 참여했던 의병장들의
기록 내용들이 대체로 일치한다. 영천을 중심으로 경주, 영일, 홍
해, 대구, 경산, 자인, 하양, 신령, 의홍, 의성 등 10여 고을의 의병
과 관군이 연합하여 총 병력 수가 3,500~4,000명 정도 되었으며,
부대 이름은 창의정용군倡義精勇軍, 의병대장은 권응수, 좌총左摠
은 신해, 우총右摠은 정대임, 선봉장은 홍천뢰, 별장은 김윤국, 작
전참모격인 찬획종사贊劃從事는 정세아와 정담이었다. 특히 본 전
투에서는 화공火攻이 큰 성공을 거둔 것으로 기록되어 있다.

실록에서는 박연에 이은 영천성 복성전투를 다음과 같이 기
록하고 있다.

별장 권응수가 영천의 적을 격파하고 그 성을 회복하였다.

당시 왜적 1천여 명이 영천성에 주둔하여 안동에 주둔한 적과 서로 웅하여 일로一路를 형성하고 있었다. 영천의 土民이 여러 곳에 주둔한 의병과 연결하여 공격하기 위해 박진에게 원조를 요청하자, 박진이 별장인 주부 권응수를 보내어 거느리고 진군하여 공격하게 하였다. 권응수가 의병장 정대임, 정세아, 조성, 신해 등의 군사를 거느리고 진군하다가 영천의 박연에서 적병을 만나 격파하고 그들의 병기와 재물을 거두었다.

이에 여러 고을의 군사를 모아 별장 정천뢰鄭天賚 등과 함께 진군하여 영천성에 이르니 적이 성문을 닫고 나오지 않았다. 권응수가 군사를 합쳐 포위하고 성문을 공격하여 깨뜨렸다. 권응수가 큰 도끼를 가지고 먼저 들어가 적을 찍어 넘기니 여러 군사들이 용약하여 북을 울리고 함성을 지르면서 진격하였다. 적병이 패하여 관아로 들어가자 관군이 불을 질러 창고를 태우니 적이 모두 불에 타서 죽었고, 도망쳐 나온 자도 우리 군사에게 차단되어 거의 모두 죽었으며, 탈출한 자는 겨우 수십 명이고 머리를 벤 것이 수백 급級에 이르렀다. 그리하여 마침내 그 성을 수복하여 아군의 위세가 크게 떨쳐졌다. 안동 이하에 주둔한 적이 모두 철수하여 상주로 향하였으므로 경상좌도의 수십 고을이 안전하게 되었다.

권응수는 용맹스러운 장수로 과감히 싸우는 것은 여러 장수들이 따르지 못하였다. 이 일이 알려지자 상으로 통정대부通政大夫에 가자加資되고 방어사防禦使가 되었으며, 정대임은 예천군수醴泉郡守가 되었다. 정세아는 병력이 가장 많았으나 군사들을 권응수에게 붙이고 행진行陣에 있지 않았으므로 상을 받지 못하였으며, 나머지는 차등 있게 상직賞職이 주어졌다.

위 실록의 기록이 의병장들의 기록과 별 차이가 없음을 알수 있다. 다만 위 내용 중 "이에 여러 고을의 군사를 모아 별장 정천뢰鄭天賚 등과 함께 진군하여 영천성에 이르니"라고 한 대목에 문제가 있다. 번역문에서 '별장 정천뢰'라고 하였는데, 이대로라면 정천뢰가 바로 별장이 되는데, 위 기사의 제목이 "별장 권응수가 영천의 적을 격파하고 그 성을 회복하였다"라고 한 것을 보면, 권응수가 바로 별장이 되어야 하며 별장인 권응수가 정천뢰 등과 함께 진군한 것이 되어야 한다. 그런데 더욱 문제가 되는 것은 정천뢰라는 인물이다. 당시 전투에서 정천뢰라는 인물은 어디에도 등장하지 않는다. 이것은 홍천뢰의 오기임이 분명하다. 당시 홍천뢰가 선봉장이어서 내용과 부합하며, 참전 의병장 가운데 정씨들이 많아 생긴 잘못이 아닌가 생각한다.

홍천뢰는 일기에서 자신의 전투 내용을 자세히 기록하고 있다. 7월 24일 추평에 진을 치고 선봉장이 되어 1차로 공격해 100여 명을 목벤 뒤 해질녘 본진으로 돌아왔으며, 이때 화공을 제안

하였고, 이틀 후인 26일 다시 2차로 500여 명의 군사를 데리고 성 내로 진입하여 적을 크게 무찌르고 돌아오자 사람들이 '하늘이 내린 홍장군'이란 말을 하였으며, 정대임과 신해, 최문병, 이온수 등의 의병장들이 "본래 장군의 용감함을 듣긴 했지만 뛰어난 모습을 직접 보지 못했는데, 오늘에서야 장군이야말로 장군다운 분임을 비로소 알게 되었습니다."란 말을 했다고 적었다.

영천성 수복으로 크게 고무된 경상 좌병사 박진은 경주성 수복에 나서게 된다. 그는 좌병영을 경주 북쪽 안강으로 옮긴 뒤 경주 판관 박의장을 선봉으로 삼고 경주 의병장 최진립과 영천 의병장 정세아 등을 주축으로 삼은 뒤 권응수 등 영천 복성전투에 참전한 의병진들도 대거 참전토록 하여 그 병력의 수가 37,000명에 이르렀다. 대규모 병력에다 영천 복성전투에서 승전하였던 터라 사기가 매우 높았다. 하지만 8월 21일 제1차 전투에서 많은 희생을 치른 채 패전하고 만다. 이때 정세아와 함께 참전한 그의 아들 의번宜藩이 전사하게 된다. 제2차 복성전은 보름 가까이 지나 벌어져 9월 8일 마침내 경주성도 수복하게 된다. 이 전투에서는 박의장의 활약이 돋보였으며, 새롭게 개발해 사용한 비격진천뢰飛擊震天雷가 큰 위용을 발휘하였다.

홍천뢰는 일기에서 경주성 복성전투 참전 기록을 다음과 같이 남기고 있다.

당시 경주에 주둔하고 있던 왜적이 아직 강력하여 영천에 있던 왜적과 다름이 없으므로 여러 장수들이 함께 모여 병사들과 서약, 토벌할 계획을 세웠다. 이에 권응수 대장은 박의장과 힘을 합쳐 계연鷄淵에서 전투를 하고, 나는 정대임, 이온수와 함께 자인, 양산 등지에 흩어져 있는 왜적들을 공격하여 전멸시킨 다음 본진으로 돌아가니, 권대장이 아직 계연에서 승리를 거두지 못하고 있었다. 나는 다시 합세 진격하여 사살한 왜적이 매우 많았다. 권대장은 기쁘게 "홍선봉장의 용기가 아니었다면 오늘의 사태는 위험할 뻔 했다"라고 말하였다. 이날이 바로 8월 16일이었다.

일자상 약간의 오류가 있는 듯하지만, 경주성 복성전투의 개황과 더불어 그 자신이 포함된 의병장들의 활약상을 어느 정도는 파악해볼 수 있게 해준다. 족질 홍경승이 영천성을 수복한 후 8월 13일까지 5,600여 군사가 그곳에 주둔하였으며 16일에 경주 계연에서 전투가 있어 참전하였다고 기록한 것을 보면, 영천성 수복 후 대부분의 군사들은 영천성에 머물면서 성을 지키며 휴식을 취한 뒤 경주성 복성전투에 대거 투입된 것으로 보인다. 그런데 홍천뢰의 왜란 참전 일기는 1592년 8월 17일까지만 남아 있고 이후 부분은 소실되고 말아 남아 있지 않다. 다른 기록들에도 홍천뢰의 경주성 복성전투 이후의 기록들은 거의 찾아볼 수 없다.

다만 족질인 홍경승이 『분의록』 속에 자신의 참전 기록을 적는 가운데 경주성 복성전투 이후 홍천뢰의 참전 내용들을 군데군데 남기고 있다. 사료 비판의 필요성을 전제하면서 참고를 위해 간단하게나마 정리해보면 다음과 같다.

1593년 4월 27일, 권응수와 함께 안동에서 전투

1594년 7월, 권응수, 정대임 등과 함께 창암 시은진에서 전투

1594년 8월 18일, 언양에서 권응수와 참전한 뒤 그의 목숨을 구함

1595년 4월 25일, 권응수와 함께 형산강에서 전투

1597년 9월 9일, 정유재란이 일어나 다시 군대를 이끌고 권응수 부대와 합류

1597년 9월 12일, 이용순이 대장, 권응수가 부장, 자신은 전봉 (선봉)장, 김응서는 별장이 되어 달서에서 전투. 현풍의 곽재겸이 용맹스러움에 감탄함

1597년 12월, 울산 반구정에서 권응심, 권응택 등과 함께 전투

3) 훈련원정에 오르다

홍천뢰 의병장은 왜란 중인 1594년 31세 때 무과 중시重試에 급제한 뒤 어모장군禦侮將軍 행훈련원검정行訓鍊院檢正(32세), 현신

교위顯信校尉 수훈련원정守訓鍊院正(34세) 등의 관직을 지내면서 권응수 장군의 막하에서 큰 활약을 하였다. 왜란이 끝난 뒤 그는 정략장군定略將軍에 제수되고 과의교위果毅校尉(36세) 등을 지내다 37세(1600) 때 병으로 사직하고 귀향하였다.

그와 같이 처음에는 의병으로 시작했다가 군공이나 무과 등을 통해 관군 혹은 준관군으로 편입된 경우가 흔하게 발견되는데, 이것은 당시 국가정책이기도 했다. 의병과 관군 이원체제가 군사 지휘상 효과적이지 않으며, 의병이라는 이름만 내건 채 실은 도적질을 하거나 심지어 관군에 대적하는 경우도 있어 조정에서는 1592년 말경부터 적극적으로 의병을 관군에 포함시키거나 준관군화하는 데 힘을 쏟았다.

홍천뢰는 왜란에 참전한 공로로 42세 때인 1605년에 선무원종공신宣武原從功臣 3등에 올랐다. 그리고 사후 1623년(인조 원년)에 병조참지兵曹參知에 이어 병조참의兵曹參議를 증직받았다.

그는 19세 때 순창淳昌 설씨薛氏(忠義衛 勤의 딸)와 결혼하여 슬하에 엄曮, 돈暾, 경曔 세 아들을 두었으며, 묘소는 칠곡 산당山堂에 있다. 증손 대에 가서 사손嗣孫이 끊겼다.

1825년(순조 26) 의흥 일대의 사림들이 그와 더불어 함께 참전하였던 족질 혼암 홍경승을 제향하기 위해 도천사陶川祠(현 경북 군위군 효령면 매곡리)를 건립하였으며, 1868년 대원군의 서원과 사묘 훼철령에 따라 허문 뒤 1899년 도천사 옛 터에다 도천정陶川亭을 지어 지금까지 전해오고 있다.

그의 문집인 『송강실기松岡實紀』는 1865년에 간행되었으며, 1975년에 『임란홍송강선생실기王亂洪松岡先生實記』란 이름으로 중간되었다. 문집 속의 중요한 자료로 그의 임진왜란 참전일기 일부와 호남 의병장 고경명高敬命의 창의격문에 답한 「답고제봉경명창의격문答高霽峯敬命倡義檄文」, 그리고 그가 등서해 늘 간직하고 다녔던 「임진년왕세자교각도군중효유복수서王辰年王世子敎各道諸軍中曉諭復讐書」가 실려 있다.

1973년 3월에 그의 고향인 대율리(군위군 부계면) 입구 송림에 추모비를 건립하였다. 추모비 전면의 한자로 된 '松岡洪天賚將軍追慕碑'란 글자는 박정희 대통령의 친필이며, 비문은 당시 영남대 총장이었던 이선근 박사가 짓고 심재완 교수가 썼다.

4) 여헌 장현광과의 교유

홍천뢰는 전란 중인 30세 때 병으로 귀향한 적이 있으며, 전란이 끝난 뒤 37세 때에도 결국 병으로 관직에서 물러났다. 이후 그는 고향 율리에서 좀 이른 나이인 51세(1614)에 세상을 떴다. 관직에서 물러난 뒤 공명功名에 매달리지 않은 채 초연히 한가롭게 살았다.

그의 향리 주위에는 팔공산이 빚어낸 승경들이 많았다. 당시 인근 인동에 거주했던 대유학자 여헌旅軒 장현광張顯光이 한밤 마을 부근을 지날 때면 반드시 그를 찾아 각별한 정을 나누었다. 특히 두 사람이 즐겨 노닌 곳이 팔공산 동산계곡의 막암幕巖이었다. 여헌이 지은 「막암시」가 그때의 모습을 잘 전해주고 있다.

바위로 집을 짓고 폭포로 술을 빚어
송풍松風은 거문고 되고 조성鳥聲은 노래로다
아희야 술 부어라 여산동취與山同醉하리라.

그가 일찍 세상을 뜨자, 장현광은 애절한 마음을 담아 다음 과 같이 그의 삶을 돌아보았다.

오호라! 내가 막암의 진면목을 찾고자 갔을 때, 그 경내에 있는 한밤에 들어가면 먼저 홍장군의 안부를 묻고 찾아가 주인으로 삼았습니다. 장군의 무술과 지략은 뛰어나고 골상은 범인이 아니었으며 충성심과 의리는 열렬하여 명성이 세상에 알려졌 으니, 아! 우리 홍장군은 세상의 기둥이 될 인물이었습니다. 임 진왜란 때 공의 나이는 29세, 화산 권응수 장군과 함께 충심으 로 죽음을 각오하고 스스로 선봉에 서서 영천에 침입한 왜적 을 크게 물리치자 왜적도 겁에 질려 말하기를 하늘이 내려 보 낸 홍장군이라 했으니, 참으로 위대했습니다. 거의 망하게 된

막암비

나라는 공의 공로로 부지되었고, 거의 죽게 된 백성들은 공의
공로로 보전되었으니, 공로가 장군보다 뛰어난 사람이 없었습
니다. 그러나 그때에 공께서는 신병이 위중하여 먼저 고향으
로 돌아옴에 끝내 원훈元勳으로 표창되지 못하고 전체 공로가
남에게 돌아갔으니, 참으로 안타까운 일이었습니다. 공의 지
조와 절개는 남이 알아줌을 구하지 않았기 때문에 인격에 걸
맞는 관직에 나아가지 못하고 별세하니, 사람들이 모두 탄식
하고 흠모해마지 않았습니다. 하물며 나와 같이 친애했던 사

람이야 말해 무엇하겠습니까? 아! 애통하고도 애통합니다.

부림홍씨와 인동 장씨 두 가문의 후예들은 각별했던 두 선생 간의 정의情意를 영원토록 기리기 위해 일찍이 그들이 즐겨 노닐었던 막암에서 이름을 딴 막암계를 만들어 오늘날까지 이어오고 있다.

2. 혼암 홍경승

1) 의흥 의병장 홍천뢰의 막하에 들다

　　홍경승洪慶承은 자가 군하君賀이고 호는 혼암混庵이며, 1567년(丁卯, 선조 원년) 경상도 의흥현義興縣 부남면缶南面 율리栗里(현 경북 군위군 부계면 대율리, 한밤마을)에서 출생하였다. 그는 경재 홍로의 6세손이며, 고조는 건공장군建功將軍 구球, 증조는 참봉參奉 우준禹濬, 조는 참봉 중헌仲獻, 부는 은덕불사隱德不仕한 거원巨源, 모는 월성 김씨 생원 응생應生의 딸이다. 의흥 의병장 송강松岡 홍천뢰洪天賚는 그의 삼종숙三從叔이다.

　　그는 관례를 치른 뒤 한강寒岡 정구鄭逑의 문하에 나아갔으

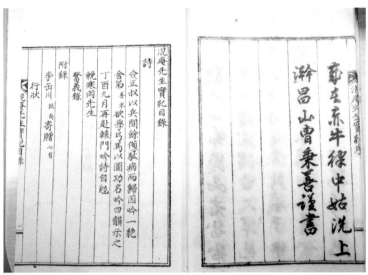

『혼암선생실기』 목록

며, 26세 때인 1592년 4월 임진왜란이 일어나자 홍천뢰의 의병진
에 참가한 뒤 이후 권응수의 막하에서 8년 동안 종군하며 주로
군량을 담당하는 양료관糧料官을 지냈다.

그는 『분의록奮義錄』이란 이름으로 임진왜란 8년 동안의 종
군 기록을 남겼다. 이는 자신의 자세한 참전 기록과 더불어 전란
중 어느 한 시기가 아닌 8년 간 전 시기를 기록하고 있다는 점, 그
기간 동안 홍천뢰와 권응수 장군의 막하에서 활동함으로써 그들
에 대한 기록 또한 상세히 실려 있다는 점, 그리고 그의 주된 직
책이 군량을 담당하는 양료관이었기 때문에 이에 대한 기록이 상

세하여 직접적인 전투 상황만이 아니라 전쟁의 다양한 내용을 파악할 수 있게 해준다는 점 등에서 사료적 가치가 높다. 『분의록』이외에 그의 참전 기록은 홍천뢰의 참전일기와 정담鄭湛의 「영천복성기永川復城記」, 김해金垓의 『향병일기鄕兵日記』, 그리고 「영천복성동고록永川復城同苦錄」 등에 실려 있다.

홍경승이 처음 왜란 소식을 접한 것은 일본군이 침략한 지 이틀 뒤인 4월 15일 해질 무렵이었다. 당시 그는 26세로 한강 정구 선생의 문하에 나아간 뒤 산사에서 학업을 닦던 중이었다. 왜란 소식을 접한 그는 밤중에 곧장 집으로 돌아왔다. 온 집안이 피난 준비를 하며 우왕좌왕하는 가운데 같은 향리에 사는 삼종숙 홍천뢰가 창의기병을 하고, 이웃 신령에서도 권응수가 아우 응전應銓, 응평應平 및 같은 고을의 이온수李蘊秀 등과 창의기병했다는 소식을 접하고서 자신도 참전하기로 마음을 먹게 되었다. 이때 그의 부친도 "신하의 의리는 마땅히 저 권응수를 표준으로 삼아야 할 것이니, 우리들이 이와 같이 숨어 지내는 것은 참으로 부끄러운 일로", "충과 효는 모든 사람이 함께 행해야 할 근본이긴 하나 신하는 누구보다 충을 먼저 해야 한다."라고 말하면서 아들의 참전을 적극 독려하였다. 마침내 그는 아우 선승善承에게 부모님의 봉양을 당부한 뒤 전장으로 떠났다.

5월 초 그는 마침내 삼종숙인 의흥 의병장 홍천뢰 장군의 막하로 들어갔다. 이때 그는 홍천뢰 장군에게 "저는 백면서생인지라 군문軍門의 합변合變에 대해 익숙하지 못하지만 생각하건대 족숙께서는 기상이 영웅호걸답고 마음속에 지닌 병법이 기이하고 비밀스러워 은연중에 변화무궁함이 있는지라 공훈을 세워 명예를 드높일 분이야 족숙이 아니고 누구이겠습니까?'라고 말하였다.

홍천뢰의 의병진은 5월 10일 신령의 권응수, 영천의 정대임 부대와 연합한 뒤 13일 한천漢川 전투를 벌여 승전하고, 이런 가운데 영천의 정세아鄭世雅와 정담鄭湛, 조성曺誠, 조희익曺希益, 하양의 신해申海, 자인의 최문병崔文炳, 경산의 최대기崔大期 등의 의병진이 합류하여 7월 14일 박연朴淵 전투에서 승전한 뒤 마침내 그 여세를 몰아 영천성 복성전투에 나서게 되었다. 이때에 이르면 관군도 지휘체계를 다시 세워 의병진과 연합하게 되었다. 영천성 복성전투는 7월 24일에 시작되어 사나흘에 걸친 치열한 전투 끝에 27일 마침내 승전하였다. 영천성을 수복한 뒤 선봉장이었던 홍천뢰는 홍경승에 대해 다음과 같은 기록을 남기고 있다.

이번 전투에 족질 경승이 군량미 조달의 책임을 맡아 훌륭하게 처리함으로 인해 병사들의 식량을 해결할 수 있었다. 이런 일이 있은 뒤부터 족질은 양료관糧料官이 되어 가는 곳마다 군량미를 수급하며 한 번도 부족하거나 끊어지지 않게 했으며, 또 전투의 방법과 책략에 대해서도 협조, 기획했다.

여기에 보면 홍경승의 역할 중 특히 군량 조달의 책임을 훌륭하게 수행하였음과 더불어 전략에 대해서도 뛰어난 기량을 발휘하였음을 말하고 있다. 정담도 「영천복성비문」에서 "양료관 홍경승이 군량을 공급하고 방략을 도왔다."라고 적은 것을 보면 신뢰할 만한 기록이라고 본다. 홍경승 자신도 영천성 복성전투와 이후 주둔 때의 군량 공급에 대한 자세한 상황과 승전에 크게 기여한 화공이 자신의 제안에 따른 것임을 적고 있다.

2) 권응수 막하에서 양료관으로 활약하다

앞에서 살펴 본대로 홍경승은 직접적인 전투보다 군량의 보급과 전략의 수립에 크게 활약하였다. 이에 아래에서는 『분의록』을 바탕으로 1592년 영천성 복성전투 이후 1599년 귀향할 때까지 8년 간 참전일지의 간략한 정리와 함께 군량 보급이나 전략 수립에 크게 기여한 몇몇 사례를 옮겨 보기로 한다.

1592년 7월 27일

영천성 수복 이후 8월 13일까지 영천성에 주둔하였다. 군졸 수가 5,600여 명, 군량이 8,230섬, 그중 나라 창고의 곡식이 6,200섬이었고 나머지는 모두 들판의 먼저 익은 나락에서 공급하였다.

1592년 8월 16일

경주 계연 전투에서 군량과 전략, 문서를 담당하다.

1592년 9월 25일

김성일이 경상우도 관찰사로 부임하여 예를 갖추어 권응수 장군을 보면서 말하기를 "그대의 영천 대첩이 아니었으면 서울까지의 통로를 보존할 기세가 없었다."라고 말하면서 즉시 피난길에 있는 임금에게 장계를 올렸다. 권응수 장군을 좌도 병마우후兵馬虞候로 임명하는 교지가 하달되었다.

1592년 10월 신묘일

관찰사의 사자가 군문에 이르러 말하기를 "두 왕자가 왜적에게 납치되었을 뿐만 아니라 왜적들이 선릉宣陵과 정릉靖陵 두 왕릉마저 파 뒤집었다."라고 하였다. 내가 군막의 아전들을 시켜 객사 문 밖에 자리를 마련토록 하자 권응수 장군과 여러 장수들이 네 번 절하고 통곡하면서 돌아갔다.

1593년 2월 26일

산양 탑전에서 전투를 벌여 적을 크게 격파하여 70명을 사살했다.

1593년 4월 27일

서로西路에 진을 치고 있던 왜군이 노략질하며 안동까지 이름에 권응수 장군이 그들을 공격하기 위해 첨정 족숙(홍천뢰)과 권경성, 권응생 등과 함께 날랜 군인 260명을 선발하여 모은루慕恩樓 밑에까지 진격하여 10명을 사살하고, 계속 구담까지 추격하여 크게 격파하고 90명을 사살한 다음 돌아오니, 중국의 이여송李如松 장군이 연이은 승리를 가상히 여겨 권장군에게 편지를 보내오고 비단을 내려 그 공로를 표했다. 권장군은 그 비단 일부를 가려 나의 군량조달 노고를 치하하려고 함에 나는 "이 비단은 이여송 장군이 장군에게 준 물건입니다. 내가 무슨 공이 있단 말입니까?"라고 하면서 고사하고 받지 않았다.

1593년 5월 7일

관찰사 김학봉(성일) 공이 4월 29일 진양에서 별세했다는 소식을 듣고 권장군에게 "우리들이 국가가 불행의 시간을 당한 지금 이러한 충성스럽고 의리 있는 분을 잃게 되었으니, 누가 한 손으로 이 강산을 다시 보장할 수 있겠습니까?"라고 말하면서 통곡하였다.

1593년 7월 23일

진양 웅천에서 20여 명을 사살하니 나머지 적들이 다 도망쳤다.

1594년 4월

언양 황룡사에서 적군을 공격하여 적군이 갖고 있던 곡식을 탈취하였다.

1594년 7월

권응수 장군이 충청방어사를 겸직토록 함에 대신 이사李思를 시켜 군을 명령토록 했다. 19일에 권장군이 첨정 족숙 및 정대임, 권응평 등과 함께 창암 시은진에서 적을 격파하니 현감 이곡도 병사를 거느리고 와서 회합했다.

1594년 8월

언양읍 관저에 진을 치고 흩어져 있는 왜적들 가운데 일본 본토와 내통하고 있는 자들을 방비하였다. 16일에 권응수 장군이 왜적 4~5명이 숲속에 출몰하는 것을 보고 달려가 죽이려고 하기에, 나는 "저들이 만일 흩어져 있는 왜적들이라면 우리 군이 주둔하고 있는 지역에 감히 나타나지 못할 것입니다. 지금 저 4~5명이 숲속에 출몰하고 있는 것은 반드시 큰 부대가 그 뒤에 잠복하여 아군을 요격하려고 하는 것입니다. 원컨대 장군께서는 신중하게 판단하시어 함부로 진격하지 마십시오." 라고 하였다. 권장군은 웃으면서 "홍군은 글 읽는 선비인지라 생각이 지나치게 신중하다."라고 하였다. 그리고 말을 타고 달려가 숲 가까이에 도착하자 왜적 수천 명이 숲속에서 몰려 나왔다. 권장군은 말머리를 돌려 달려오는데 적군의 칼날이 거의 접근하여 목숨이 위태로울 무렵, 첨정 족숙이 창을 휘두르며 말을 몰고 나아가 크게 외치기를 "교활한 오랑캐 놈들아 너희들이 싸우려면 싸워보자."라고 하자 왜적들이 드디어 멀찌감치 물러남에 장군과 함께 무사히 돌아왔다. 그때 권장군이 나에게 "내가 그대의 말을 듣지 않아 이런 곤란을 당하게 되었으며, 만일 홍전봉장이 아니었다면 사태는 위태롭게 되었을 것이다."라고 하였다. 18일에 나아가 왜적을 공격하자 적이 패전하여 달아났다.

1595년 4월

더러운 왜적들이 독을 뿜고 외치며 쳐들어온 무리가 수만 명이나 되었다. 포탄과 창, 칼 등 배나 불어난 무기가 견고하고 예리했으므로 바다에 연접한 7개 군이 풍비박산, 감히 항거하는 자가 없었다. 그때 권장군이 진심으로 나에게 묻기를 "적군의 형세가 매우 강성하니 어찌하면 좋겠는고?"라고 하였다. 나는 답하기를 "병법에 부드러운 것이 딱딱한 것을 이기고, 약한 것이 강한 것을 제압한다는 말이 있으니, 장군께서는 함부로 진격하지 않는 것이 하나의 계책입니다. 저 제갈량의 우선羽扇, 양호羊祜의 경구輕裘, 한신韓信의 배수진이 이러한 예입

니다. 장군께서 병사가 적어 전쟁을 하지 아니할 모습을 보여
주시면 저 놈들은 마음속으로 아군을 깔볼 터이니 그때를 이
용하여 공격하면 됩니다. 그리고 연일 등 각 읍에 격문을 보내
어 군대를 모집, 후방에서 공격을 하면 반드시 전공을 거둘 수
있을 것입니다."라고 하였다. 내 대답에 대해 권장군은 "훌륭
하도다."라고 하면서 즉시 홍해, 연일읍의 병사들로 하여금 형
산강 가에 잠복하도록 하고 권장군은 안강현까지 진군하니 다
음날 아침 왜적이 홍천에 이르렀다.

25일 해 뜰 무렵 권장군은 권응평과 함께 여러 장수들을 독려
하여 거짓 형산강 가로 패주하도록 함에 왜적들이 과연 추격
해왔다. 첨정 족숙이 홍해, 연일에서 온 복병들에게 갑작스럽
게 일어나 후방에서 공격하도록 하며, 권장군은 권응평과 앞
을 가로막고 공격하니 왜적들이 크게 요란하여 형산강에 투신
하는 자도 많았으며, 사살하거나 포획한 수도 기록할 수가 없
었다. 그때 권장군이 또 나를 위해 장계를 올리려고 하기에 나
는 고사하였다.

1596년 4월

권장군을 따라 창녕으로 갔는데 방어사로 있던 곽재우가 와서
권장군을 보고 감탄하면서 말하기를 "삼로三路의 백성들이 다
행히도 장군의 힘을 입게 되었으니, 장군은 어떻게 이러한 홍

군을 얻게 되었습니까?' 라고 하면서 군막으로 안내하였다.

1596년 5월 16일

신령(花山) 본진으로 돌아오다.

권장군의 허락을 받아 고향으로 돌아오다.

아우가 나에게 말하기를 "나는 활 쏘고 말 타는 일을 배우고자 하는데 어떻게 생각합니까?' 라고 하였다. 나는 말하기를 "유가儒家에서 어찌 무술이 쓸 데가 있겠는가?' 라 하니, 아우는 "형님의 지혜와 책략으로 말 타고 활 쏘는 무술을 익혀 지난날 전쟁의 변란에 참가했더라면 원훈대작을 얻는 것이 겨자씨 주어 올리는 것 같이 쉬웠을 것입니다." 라고 하였다. 나는 꾸짖어 말하기를 "내가 말 타고 활 쏜 것이 공명을 세우려고 했겠느냐? 내가 지난 날 전장에 나간 것은 임금님이 피난 가는 일을 막기 위함이었지 입신양명하기 위한 것은 아니었다." 라고 하였다.

1597년 9월

정유재란이 일어나 왜적이 팔공산 성까지 돌진해 왔으나 지역을 방어할 세력이 전혀 없고 조정에서 급히 양료관을 모집하자 이에 응하여 임명되었다. 다시 전장으로 떠나며 "죽고 사는 것은 천명에 달렸다." 라고 생각하고, 시를 읊어 스스로 맹서했다. 이때 첨정 족숙의 병이 치유되어 그 휘하에 있던 의병들을 거두어 권장군의 부대로 갔다.

1597년 9월 9일

적군이 공산성을 무너뜨리자 내가 달성에 도착했을 때 관찰사 이용순이 거느리고 있는 병사 7,800명과 권장군이 거느린 4,070명, 그리고 첨정족숙이 정병 200명을 거느리고 왔으며, 김응서도 보병 320명을 거느리고 오니 병사는 모두 12,390명이었으며, 말은 460필이었다. 나는 먼저 수성 창고에 있는 곡식 3,200섬을 가져오고 또 달성 안에 있던 곡식 6,000섬을 가져와 병사들을 먹이고, 콩 90섬과 메밀 30섬을 구하여 말을 먹였다.

1597년 9월 12일

적장이 달성까지 달려옴에 그때 이용순이 대장, 권장군은 부장, 첨정 족숙은 전봉장, 김응서는 별장이 되어 달서에서 대전을 벌였다. 이용순의 말은 넘어져 일어나지 못하고 병사도 거의 패배하였는데 첨정 족숙이 적진에 달려 들어가 이용순을 일으키고 왜장을 사살하자 왜졸들이 도망을 침에 추격하여 3,000명을 사살하고 460명을 생포했으며 말 48필을 탈취했다. 빼앗은 병기는 헤아릴 수가 없었다. 그때 아군의 죽은 사람은 144명, 부상자는 97명이었다.

현풍의 곽재겸이 첨정 족숙의 적진 돌격 모습을 보고 손에 땀을 쥐며 탄식하기를 "오늘의 승리는 홍전봉장의 공로가 가장 크다. 저 조자룡의 용기를 다시 보는 것 같다."라고 하였다.

1597년 12월
왜적이 반구정 부근에 진을 치자 첨정 족속 등이 격퇴하였다.

1598년 11월
왜구들이 사천에 진을 치자 권장군과 동일원董一元이 달려 가 공격하고 피난길에 있던 임금님에게 보고를 하였다. 그리고 나에게 묻기를 "만일 적군과 지구전을 벌인다면 군량미가 끊어질 터이니 어떻게 해야겠느냐?"라고 하였다. 나는 대답하되 "장군께서는 염려하지 마십시오. 왜구의 두목 도요토미 히데요시(豊臣秀吉)가 이미 죽었기 때문에 남은 병졸들은 다 고국으로 돌아가기를 원하고 있으니 형세는 파죽지세인지라 어찌 능히 지구전을 벌일 수 있겠습니까? 또 중국의 원군이 남쪽으로 내려오고 있으니 적군의 간담은 이미 무너진 바 족히 우려할 필요가 없습니다."라고 했다. 권장군이 진격하여 궤멸시켰다.

1599년 봄
왜구들이 크게 두려워하여 흩어져 도망친 병졸들을 수습하여 바다를 건너갔다.

나는 평민의 선비로서 여러 장군들의 뒤에서 군량미를 조달하
였을 뿐 비록 전투의 공로는 없었으나, 왜구들의 시종 한 짓과
여러 장군들의 방법과 책략을 다 목격한 바인지라 그 전말을
간략하게 기록하노라.

3) 선무원종공신 3등에 오르다

홍경승은 1592년 5월 초 홍천뢰의 의병진에 참전한 뒤 그와
함께 권응수 장군의 막하에서 1599년 봄 일본군이 완전히 철수
할 때까지 8년간 참전한 후 귀향하였다. 그리고 그는『분의록』
속에 8년간의 참전 기록을 상세하게 적었다. 귀향 후 그는 관직
에 나아가지 않고 세상의 명리를 멀리한 채 초연하고 유유자적한
삶을 살다 세상을 떴다. 그의 졸년은 미상이나 아들이 30세 때 태
어났고 그보다 앞서 39세(1636) 때 세상을 뜬 기록으로 보아 1636
년 이후로 추정된다. 배는 축산竺山 전씨全氏 증참판贈參判 몽룡夢
龍의 딸이며, 금오랑金吾郞 여훈汝勳과 여업汝業 두 아들을 두었다.
1605년 선무원종공신宣武原從功臣 3등에 올랐다.

그는 일찍이 한강 정구의 문하에 나아갔는데, 광해군이 즉위
한 뒤 1610년 이이첨李爾瞻, 정인홍鄭仁弘 등 북인北人들이 세력을
떨치며 같은 당 박이립朴而立을 앞세워 한강 선생을 무고하자 그

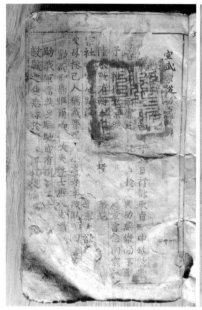
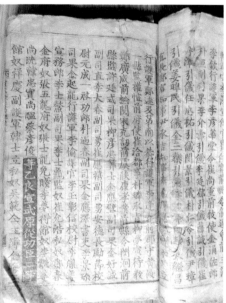

홍천뢰·홍경승 선무원종공신 녹권 목차(좌)와 해당 내용(우)

는 둔봉遯峯 김녕金寧 등과 함께 변무소辨誣疏를 올렸으며, 선생 사
후 만사輓詞를 지어 애도했다.

　　1825년(순조 26) 의홍 일대의 유림들이 그와 함께 참전했던 족
숙 홍천뢰 두 사람을 제향하기 위해 도천사陶川祠를 건립하였으
며, 1868년 대원군의 서원과 사묘 훼철령에 따라 허문 뒤 1899년
도천사 옛 터에다 도천정陶川亭을 지어 지금까지 전해오고 있다.

　　그의 문집인 『혼암선생실기』는 1957년(丁酉)에 간행되었으며, 1975년에 중간되었다. 그리고 그의 기적비紀績碑는 원래 양산 서원(군위군 부계면 남산리) 송림 앞에 세워졌는데, 근년에 새롭게 세운 기적비가 대율리 송림에 홍천뢰 장군 추모비와 나란히 서 있다.

3. 수헌 홍택하

홍택하洪宅夏(1752~1820)는 부림홍씨 21세로 자가 화로華老, 호는 수헌睡軒이다. 경북 군위군 부계면 대율리(한밤마을)에서 태어났다. 조부는 우익宇翼, 부는 귀길龜吉, 모는 함안咸安 조씨趙氏 경필景泌의 딸이다. 생부生父는 귀명龜命으로 호가 쌍륙당雙蓼堂이다.

그는 1786년(정조 10) 35세 때 식년시式年試 명경과明經科 을과 乙科에 급제하여 관직 생활을 시작하였다. 승문원承文院 부정자副正字를 시작으로, 그는 성균전적成均典籍, 병조좌랑兵曹佐郎, 이조좌랑吏曹佐郎 등의 관직을 거쳐 47세 때 사헌부지평司憲府持平에 올랐다. 사헌부지평으로 있을 때인 1799년(己未, 정조 23) 7월 경봉각敬奉

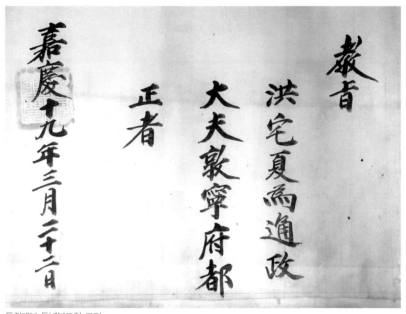

통정대부 돈녕부도정 교지

閣과 흠봉각欽奉閣 두 전각殿閣을 이건하고 정조가 친히 황단皇壇에 납시어 제사를 올리고 시를 지은 뒤 시종한 신하들에게 차운시를 짓게 하였는데, 이때 그도 「풍천風泉」이란 시를 지었다. 귀향해 있던 중 정조가 승하하자 한양으로 달려가 국상에 참가하였다.

　1807년(순조 7) 56세 때 모친상을 마친 뒤 사헌부 지평에 복직되었으며, 61세 때 통정대부通政大夫에 오른 뒤 63세(1814, 순조 14)

때 돈녕부도정敦寧府都正을 제수 받았으나 사은과 함께 사직소를 올린 뒤 나아가지 않았다. 68세 때 다시 이전 직책이 내렸으나 병으로 나아가지 못했다. 다음해인 1820년(순조 20) 향년 69세로 향리에서 세상을 떴으며, 군위 효동孝東에 묻혔다. 강고江皐 류심춘柳尋春이 묘갈을 지었다. 배는 숙부인淑夫人 김씨金氏로 사인士人 기중器重의 딸이며, 슬하에 병조秉朝 1남을 두었다.

그는 경재 선조를 현창顯彰하고 향리 인근의 자제들을 교육

하는 데 온 힘을 쏟았다. 그의 생부인 귀명이 일찍이 호조판서로 있던 번암樊巖 채제공蔡濟恭으로부터 비문을 받아 경재의 비를 새로 세우는 데 앞장서고, 이를 기념하는 시의 원운原韻을 띄워 수많은 사람들로부터 차운시를 받은 것을 이어받아, 그는 문과 급제 직후 경재의 실기實紀를 편찬할 생각을 품어 당시 예조참판으로 있던 이헌경李獻慶으로부터 서문을 받아놓았다. 그리고 낙향후 그는 양산서원을 경영하고 중건, 증축하는 데 온 힘을 쏟았다. 마침내 양산서원이 중건되자 그는 「양산서원강당중수기陽山書院講堂重修記」를 지었다. 기문 속에서 양산서원에 대한 절절한 마음과 가슴 벅찬 기대를 읽을 수 있다.

팔공산맥 한 줄기가 구불구불 서남으로 십여 리를 달리다가 다시 꺾여 남쪽으로 치달아 중봉衆峰이 읍揖을 하듯 둘러싼 곳을 수산首山이라 일컫고, 또다시 북으로 몇 리를 달려서 봉우리를 이루어 울창하게 우거진 곳을 양산陽山이라 한다. 이 두 산을 합하여 수양산首陽山이라 부르는데 송백이 뻗어 있고 고사리가 자란다. 그 남쪽에 폭포가 있어 직하 수십 척 아래에서 웅덩이를 이루니 그 깊이를 알 수가 없다. 골짜기를 따라 개울이 북으로 흐르는데, 북쪽에는 푸른 절벽이 수백 길이나 우뚝 솟아 장부의 기상이 서려 있다. 그 가운데 서원이 있으니 곧 경재 홍선생의 영위를 모신 곳으로 허백정虛白亭 홍

양산서원강당중건기

선생, 우암寓庵 홍선생도 함께 배향했다. 원院의 이름을 양산
이라고 한 것은 그 지명이 선생의 도의와 충렬을 상상할 수
있기 때문이다. 나의 선조 경재 홍선생은 고려의 운이 다함을
먼저 알고 물러나와 이 양산을 소요했으니 후인들이 서산 백
이의 자취와 같다 하여 경모하고 향사를 치르고 있는데, 그
지명과 절의가 우연히 같아 원을 세워 양산서원이라 부른 것
이다. ……

무인년(1818) 봄에 선산의 나무를 베어 족인族人 한서韓瑞의 감독 하에 2월 초에 기공, 3년 뒤인 경진년(1820) 3월에 준공하였다. 당은 무릇 십가十架로 좌우료左右寮가 마주하니 동쪽이 입나立懦요 서쪽이 구인求仁인데, 삼영三楹을 정당正堂으로 하고 당의 이름을 흥교興敎라 했다. 당과 실에 옛날의 편액扁額을 걸고, 또한 구당舊堂의 재목을 뜯어서 정당 남쪽에 새로 누각을 지어 읍청루挹淸樓라 하고, 누樓 옆으로 물을 끌어 연못을 만들어서 반무당半畝塘이라 했다. 이리하여 옛날에 협착했던 것이 지금은 훌륭한 새 모습으로 갖추어지니, 많은 선비들이 귀의해 오고 후학들이 공부하러 모여들게 되었다. 이 방에 들어오면 경재 선생의 청표淸標를 공경하고 허백虛伯의 절조節操를 연마하며 우암寓庵의 학문을 사표로 삼아야 할 것이다. 진퇴를 분명히 하여 자신이 알지 못하는 사이에 부드럽고 염치 있고 의지가 굳게 될 것이니, 이는 곧 사원을 세운 뜻이 풍교에 있는 것임을 알아야 할 것이다.

그러나 운수는 돌고 돌며 흥폐는 무상한 것이다. 오늘의 퇴락頹落을 사림과 자손들의 정성으로 불후의 업적을 이루어 놓았는데 길이 보전해 갈 능력이 있을는지? 원의 좌우에는 정자나 대臺를 지을 만한 기절처가 많이 있으나 힘이 미치지 못한다. 뒷사람이 그것을 이룬다면 참으로 다행한 일이겠으며 모두가 그렇게 되도록 힘을 써야 할 것이다. 이에 모든 사람들에게 당

불천위 발의 통문

부하며 이 글을 쓴다.

1924년 안동 호계서원虎溪書院에서 발의하고 의흥義興 향내
유림들의 공의에 따라 불천위不遷位에 올랐으며, 1938년 『수헌문

집睡軒文集』이 발간되었다. 그리고 2015년 양산서원이 복원됨을
맞아 이전 세 분의 위패를 환안한 뒤 향의에 따라 그는 목재木齋
홍여하洪汝河와 함께 추가 배향되었다.

제4장 **종가와 종손의 삶**

1. 종택과 유물

경재종가의 당호는 경절당景節堂이다. 젊디젊은 스물일곱 나이에 곡기를 끊은 채 "나라(고려)와 함께 죽나이다."라는 말을 남기고 자진순절한 경재 선생의 절의가 짙게 풍겨나는 당호이다. 종택 입구에는 '부림홍씨종택缶林洪氏宗宅'이란 글씨가 커다랗게 새겨진 표석이 서 있으며, 새롭게 단장된 대문을 들어서면 종택의 규모가 그다지 크지는 않지만, 곳곳에 종택 보존에 대한 주인의 애심이 묻어 있음을 한눈에 알아볼 수 있다.

그런데 현재 종가는 옮겨온 것이다. 원래 종가는 부림홍씨가 맨 처음 터 잡았던 갓골마을(남산 2리)에 있었다. 종가가 현재의 장소로 옮겨온 것은, 영장공營將公 홍수구洪受九(1624~1684)의 살림

경절당 판액

종택 입구

옛 종가 터로 추정되는 곳에 세운 표석

종택 전경

안채 전경

안채에서 바라 본 불천위 사당

집을 매입해 이사 온 것이란 기록을 볼 때 17세기 후반으로 추정된다. 종가가 이렇게 대율리로 옮겨 왔다는 것은 부림홍씨의 세력이 그만큼 확장되었음을 의미한다. 현 종택 건물은 당시 건물이 아닌 것으로 추정되며, 건축 연도도 분명하게 파악되지 않는다. 그렇지만 19세기 중반 이전의 건물임은 분명하다.

종택은 사랑채와 안채, 아래채, 그리고 불천위 사당 네 채로 구성되어 있다. 사랑채와 안채, 아래채는 역 디귿 자 모양으로 배치되어 있으며, 사랑채 중간에 안채로 들어가는 대문이 있다. 불천위 사당은 안채 오른편에 위치해 있고, 3칸 건물이며, 사랑채를 돌아 들어가는 정문과 함께 안채로 통하는 문이 하나 더 있다. 종택 왼쪽 트인 곳에는 담을 쌓고 쪽문을 냈다. 안채 후원은 넓게 틔워 놨으며, 깔끔하게 단장되어 있다.

종가가 보존하고 있는 유물은 애석하게도 많지 않다. 중년에 종택을 옮겨온 데다가 여러 차례 도난과 분실을 당한 때문이다. 파종가나 종인들 가운데 나름 귀중한 유물과 유품들을 보존해오고 있는데, 그 가운데 가장 대표적인 것이 「백원첩白猿帖」이다. 「백원첩」은 앞에서도 말했다시피 포은 정몽주가 명나라 사행 때 가져온 고려 태조 왕건의 친필과 함께 경재 선생이 포함된 그의 문인들이 쓴 친필 연구시聯句詩, 그리고 친필로 된 자신의 시첩 서문 2편이 포함되어 있다. 경재 선생이 낙향하면서 포은 선생과 주고받은 2통의 친필 서한도 원래 종가에서 보관하였는데 사진

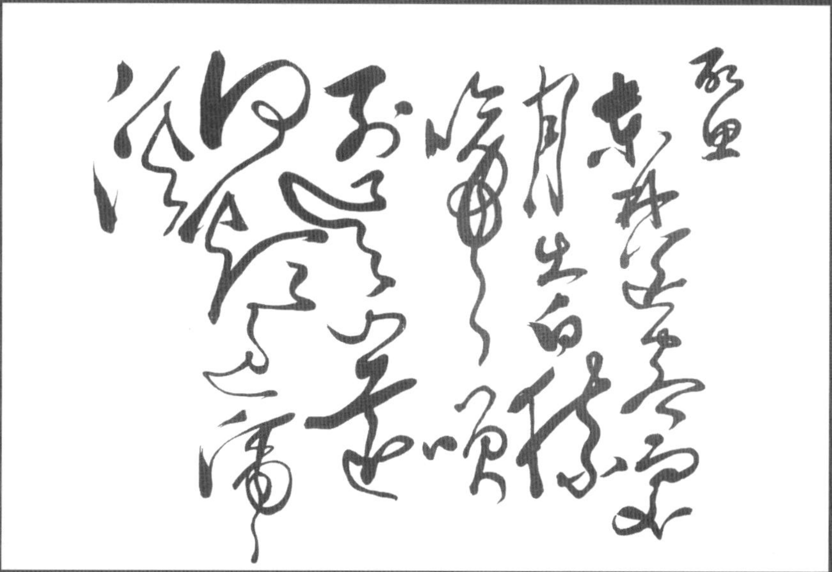

「백원첩」 속 왕건 친필로 알려진 필적

홍영수(23대 종손) 통정대부 칙명

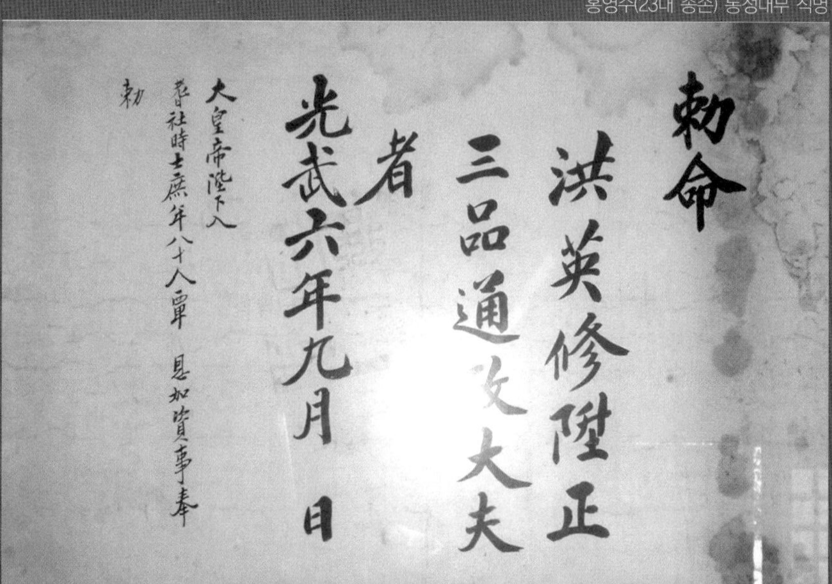

勅命

洪英修陛正

三品通政大夫

者

光武六年九月 日

大皇帝陛下入

華社時士庶年八十八單 恩加資事奉

勅

으로 찍혀 『경재홍로선생실기』에 전할 뿐 도난당하였다. 『경재
선생실기』 목판은 목재 홍여하의 『휘찬려사』 목판과 함께 양산
서원에 보관해오다, 2011년 한국국학진흥원에 기탁, 보관 중
2015년 유네스코 세계기록유산에 포함되었다.

2. 불천위 제사와 묘제

　　경재 선생의 불천위제사는 음력 7월 17일이며, 몇 년 전부터 참례자들이 많을 수 있도록 파제일 저녁에 봉행을 하고 있다. 최근 참례자는 70명 내외이며, 오래 전부터 비위妣位는 고위考位와 합사해오고 있다.

　　5집사 분정은 칠월칠석 면회麵會 때 주로 한다. 5집사는 초헌관初獻官과 아헌관亞獻, 삼헌관三獻官, 집례執禮, 대축大祝 담당자를 가리킨다. 종손이 초헌관을, 아헌관과 삼헌관은 후손들 중 연장자 순서로 정하며, 삼헌관은 다음 해 아헌관이 된다. 본 문중에서는 종헌終獻이라는 말 대신 삼헌이라고 쓰는데, 이것은 13세 종손의 이름(宗獻)과 발음이 같아 겹치는 것을 피하기 위해서이다.

경재 불천위 사당 정면

경재 불천위 위패

불천위 제사(안)

불천위 제사(밖)

한글로 번역된 홀기

불천위제사의 홀기笏記는 4년 전부터 한글로 번역하여 사용하고 있다.

불천위제사 때 특이한 음식으로 3탕 가운데 용봉탕龍鳳湯이 포함되어 있다. 용봉탕은 북어를 통째로 찐 뒤 머리가 하늘을 향하도록 한 용 모양의 제물로, 후손들의 마음이 조상께 닿을 수 있기를 기원하는 마음을 담은 것이라고 한다. 그리고 '조약' (조악이라고도 함)이라는 제물도 좀 특이하다. 무척 정성이 들어가는 것으로, 찹쌀로 손톱 크기만큼의 작은 떡을 빚은 뒤 치자가 들어간 기름에 튀겨 높다랗게 괸 떡 맨 위에 올려놓는 것이다. 그 뚜렷한 이유는 잘 알지 못하지만, 별식과 색깔 장식의 의미가 들어있지

불천위 제사 제상차림(용봉탕)

않나 짐작된다. 제사 때 제물을 마련하는 등 안 소임은 그 동안 종부와 유사나 종친 부인들이 직접 맡아왔으나, 지난해부터 종부의 책임 아래 다른 사람의 손을 빌리고 있다. 불천위제사의 일체 경비는 문중에서 부담하고 있다.

시현市峴의 불천위 묘제墓祭는 음력 10월 첫 번째 일요일에 봉행하며, 불천위제사 때와 같은 사람이 헌관을 맡는다. 그리고 묘제는 불천위제사 때 아헌관이 공판供販을 맡아 일체 경비를 부담하며, 대등大登(큰등)에 있는 경재 아래 10세부터 12세까지의 묘제 때 초헌관이 된다. 연장자이면서 경제 사정이 여의치 않거나 여타 사정이 있는 경우 일정 금액의 헌금으로 대신하기도 한다. 예전에는 후손들이 공판의 소임을 맡게 된 것을 무척 영광스럽게 생각하면서 고기와 과일 등 좋은 제물을 구하고 보관하는 데 온 정성을 다 쏟는 등 선조에 대한 향념이 무척 깊었다. 그러나 세월이 바뀜에 따라 지금은 경비만 부담하고 제물 준비는 전문 업체에 위탁하고 있다. 묘제에 이어 산신제를 마치면 묘소 정면에서 연장자들이 배석한 가운데 헌관들에게 먼저 음복한 뒤 나이순으로 둘러앉아 간단히 음복을 하고 각자 포장된 음복을 받아간다. 묘제의 참례 인원은 불천위제사 때와 비슷하다.

시현 불천위 묘제가 끝나면, 다음 날 대등에 있는 10세부터 12세까지의 묘제를 문중에서 봉행해왔는데, 지난해부터 후손들의 참석을 독려하기 위해 오전에 불천위 묘제를 지낸 뒤 당일 오

불천위 묘제 제수와 경비 일람(2015)

분류	품목	수량	금액	분류	품목	수량	금액
편류	떡	24두	396,000	육류	우 돈육		175,000
	찹쌀가루	1.5두	10,000		육계	5마리	25,000
	소계		406,000		소계		200,000
과일류	사과	1상자	38,000	잡화류	비닐봉투		1,000
	배	1상자	45,000		목장갑		3,000
	수박	1통	13,000		퐁퐁		3,000
	밤, 대추		30,100		롤 백		3,000
	포도	1상자	16,000		수세미	2	2,000
	단감	1상자	25,000		노끈	1	3,000
	밀감	1상자	14,000		호일	2	4,000
	소 계		181,100		위생장갑	1	1,000
해물	돔베기	26꼬지	220,000		테이프	1	1,000
	조기	5마리	75,000		돔베기꼬지	1묶음	7,000
	소계		295,000		소계		28,000
건어물	대구포	5마리	55,000	기타	탁주	1상자	20,000
	황태	6마리	30,000		장보기중식		9,000
	오징어	6마리	24,000		숙정시 중식	7명	72,000
	피명태	1마리	6,000		주차비		1,000
	소계		115,000		차량 유류비		20,000
					소계		122,000
			997,100				350,000
1,347,500원								

대등 묘소 전경

대등 설단

후에 대등의 묘제를 봉행하고 있다. 대등 묘제의 제수 경비는 문중에서 부담하며, 점심 경비는 불천위 묘제 공판자가 부담한다. 2015년 흩어져 있던 묘소들을 대등 한곳으로 모두 이장한 뒤 단을 설치하였으며, 2016년부터 이곳에 묘소를 둔 3대 11위에 대해 합사하고 있다. 대등 묘사가 끝나면 이후 날을 정해 각 파별로 일제히 묘사를 지내게 된다.

3. 종손과의 대화

    한밤마을(대율 1리)에 있는 부림홍씨 종택을 찾았을 때 반가이 맞아준 이는 28세 차종손 구헌九憲씨(58세) 내외였다. 보기 드물게 28대 동안이나 종통을 이어왔다는 세월의 무게감과 함께 차종손 내외가 종가 일을 맡아온 지 근 30년이 다 되어간다는 말에 순간 예사롭지 않은 종가 집안의 사연이 있을 것 같다는 생각이 들었다. 결국 차종손이 30대 들면서부터 종손의 책임를 맡아왔다는 말이 된다. 현재 종손인 찬근贊根씨는 병환이 깊은 상태이고, 종부는 30여년 가까이 병마에 시달리고 있어 차종손이 결혼한 후 일찌감치 종부의 일을 떠맡게 된 것이다.

    차종손은 대학에서 회계학을 전공하였으며, 학군 장교로 군

차종손 내외

복무를 마친 뒤 기업체에 취직을 하였다. 10년 가량 지났을 무렵 서울 본사로 발령이 나면서 종손의 책무 때문에 어쩔 수 없이 퇴직하였다. 그 뒤 대구에서 환경 관련 기업체 취직과 개인 사업을 병행하며 매주 주말이면 빠짐없이 고향을 찾아 종택에 머물며 지금까지 종가를 지켜오고 있다. 주중에 종가를 비울 때는 이웃에 사는 숙부 내외가 오래도록 종택을 돌보고 있다.

차종부는 밀양 박씨로 차종손과 대학 커플로 만나 결혼하였다. 종가로 시집을 오게 되어 "일이 좀 많겠거니 생각은 했지만,

정말 이렇게 일이 많고 어려울 줄은 몰랐다."라고 말한다. 갓 결혼했을 때 이미 시어머니의 병환이 깊어 시할머니에게 직접 종부가 할 일들을 익혔는데, 20년 전 시할머니도 돌아가시고 어느새 30여년의 시간이 흐르다 보니 이제 때 묻은 종부가 다 되어버렸다고 한다.

차종손은 남자 형제만 다섯으로 어려서부터 어머니의 병환으로 자립심이 강하고 형제들 간 우애가 남달랐다고 한다. 지금은 동생들 넷이 모두 서울에 살고 있지만, 명절과 불천위 제사 때는 물론 4대 봉제사 때도 빠지지 않고 내려와 제사에 참석하는 등 종가의 후손으로서 모범을 보인다며 차종손은 자랑스럽게 생각하고 있었다.

차종손 내외에게 몇 가지 질문을 던져 보았다.

먼저 차종손에게 종손으로서 자신의 삶에 대해 어떻게 생각하느냐고 물어 보았다. 돌아오는 대답은 간단했다. "모든 것을 운명처럼 생각한다." 어릴 때부터 주위 어른들이 종손임을 하도 많이 말하여, 나는 종손인가보다 생각하게 되었고 자연스레 그것을 받아들이게 되었다고 말했다.

종손으로서 현실적 어려움에 대해서 묻자, 선뜻 경제적 어려움을 말하였다. 종손이다 보니 이것저것 고려해야 하고 시간적으로도 생업에 전념할 수 없는데 경제적 지출은 더 많으니 결국 경제적 어려움이 더욱 커진다는 말이다. 충분히 공감이 가는 말

【대종손 계보도】

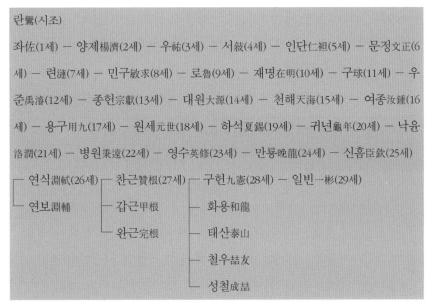

란鸞(시조)

좌佐(1세) ― 양제楊濟(2세) ― 우우祐(3세) ― 서서敍(4세) ― 인단仁旦(5세) ― 문정文正(6세) ― 련蓮(7세) ― 민구敏求(8세) ― 로로魯(9세) ― 재명在明(10세) ― 구구球(11세) ― 우준禹濬(12세) ― 종헌宗獻(13세) ― 대원大源(14세) ― 천해天海(15세) ― 여종汝鍾(16세) ― 용구用九(17세) ― 원세元世(18세) ― 하석夏錫(19세) ― 귀년龜年(20세) ― 낙윤洛潤(21세) ― 병원秉遠(22세) ― 영수英修(23세) ― 만룡晩龍(24세) ― 신흠臣欽(25세)

┌ 연식淵軾(26세) ┬ 찬근贊根(27세) ┬ 구헌九憲(28세) ─ 일빈一彬(29세)
└ 연보淵輔　　　 ├ 갑근甲根　　　 ├ 화용和龍
　　　　　　　　└ 완근完根　　　 ├ 태산泰山
　　　　　　　　　　　　　　　 ├ 철우喆友
　　　　　　　　　　　　　　　 └ 성철成喆

이며, 여러 집안의 종손들로부터 흔하게 듣는 말이다. 이어 그는 종손 자신도 종손이기 전에 한 사회인으로서 산업사회에 적극적으로 적응할 필요가 있으며 자립할 수 있는 경제 능력을 가져야 한다고 강조했다.

정부나 문중 지원은 없느냐고 물었다. 종택이 문화재로 지정되어 있지 않다 보니까 아무런 지원이 없으며, 다만 수시로 안동에 있는 (사)문화유산보존회(경상북도 지원단체)에서 보낸 인력이 불천위 사당 주변 정화를 도와주고 있을 뿐이라고 답하였다. 이어 그는 종가에 대해 정부의 인식 전환이 반드시 필요하다고 주장하였다. 오늘날 종가의 의미는 단순히 한 가문의 종가가 아니라 유형·무형의 전통문화를 보존하고 계승하는 뿌리요 바탕이라는 인식이 필요하다는 것이다. 따라서 중요한 종가들에 대해선 적극적이면서도 체계적이고 실질적인 지원책이 마련되어야 한다고 말했다.

문중의 지원에 대해서는 먼저 넉넉지 않은 재정 상황에서도 힘닿는 대로 지원해주는 것에 대해 감사를 표하며, 웃으면서 경북지역 여러 종가들과 비교해볼 때 중상 정도가 되는 것 같다고 답하였다. 현재 문중에서는 종택의 개보수와 불천위제사 일체 경비를 부담하고 있으며, 매월 종택 관리와 접빈객을 위한 경비 일부를, 그리고 설과 추석 양 명절 때 제수 마련을 위해 경비 일부를 지원해주고 있다. 그는 종손도 문중에 대해 의탁심을 버려야 하지만, 문중도 종가를 단순히 돕는다는 생각을 버려야 한다고 강조했다. 종가는 모두의 뿌리인 만큼 종인들 각자 '우리 모두의 집'이라는 생각을 좀 가져 주기를 바라는 마음이리라 생각한다.

내외분께 보람을 느끼느냐고 여쭤 보았다. 두 분 다 그렇다고 대답했다. 힘들긴 하지만 또 그 만큼 보람도 있다는 뜻이었다. 무엇보다 어디 가 부림홍씨 28대 종손이다, 종부다라고 말하면 모두들 "아, 그렇습니까?"라고 답할 때, 종손·종부로서 뿌듯한 마음이 든다고 말했다. 사회적 인정이 이전과 많이 달라졌음을 말하기도 했다. "무척 힘들겠다."라는 대답을 들었을 때도, 깊은 이해의 마음이 느껴져 많은 위로와 함께 더욱 책임감을 갖게 된다고 말했다. 내외는 사회적으로도 굉장히 중요한 일을 하고 있다는 자긍심에 차 있었다. 얘기를 나누는 도중에 차종손은 『논어論語』의 '온고지신溫故知新'이란 말을 여러 차례 되풀이했다.

차종부께 좀 바꿨으면 하는 것은 없느냐고 여쭤 보았다. 아무래도 지금 그대로 모든 것이 다음 세대로 이어지기는 어려울 것이라고 말하면서 조금씩 현실에 맞게 바꿔가는 것이 옳을 것 같다고 답했다. 그러면서 불천위제사 준비 때 외부 손을 빌리는 것이나 제사 준비 중 들리는 손님과 일하는 사람들에게 일일이 상을 차리는 것이 어려워 지난해부터 뷔페식으로 대신한 것을 예로 들었다.

내외는 1남 1녀를 슬하에 두었다. 자제분들에 대한 교육과 근황 등에 대해 물어 보았다. 차종손은 자신이 그렇게 교육을 받아왔듯이 아들(一彬)에게도 어릴 때부터 공부방에 경재 선조의 「가훈시」를 붙여 놓는 등 종손 교육을 '톡톡히' 시켰으며, 아들도 지금까지 아버지의 뜻을 잘 받들고 있다며 만족스레 대답했다. 아들은 연세대학교 재학 중 미국 U.C. 버클리에 유학해 동아시아학과를 졸업하고 군복무 뒤 성균관대학교 대학원 유학과에 진학하여 장학생으로 재학 중 경제사정으로 현재 모 기획정보 컨

설팅 회사에 취업해 있다. 내외는 아들이 가능한 한 빨리 학업을 다시 이어갈 수 있기를 소망했다. 딸은 대학에서 국악을 전공하였으며, 얼마 전 결혼하였다.

마지막으로 내외분께 바람이나 꿈과 같은 것이 있느냐고 여쭤보았다. 노후 대책은 그동안 나름 준비해놓았지만, 귀향 후 종가를 지키며 의미 있게 할 수 있는 일을 좀 마련하고 싶다고 했다. 그러면서 우리 종가만큼 한곳에서 오래도록 이어온 종가가 드물고, 또한 한밤마을은 널리 알려져 많은 사람들이 찾아오고 있음에도 그냥 둘러보고만 갈 뿐 한밤마을의 역사와 문화를 깊이 알릴 길이 없음을 안타까워했다. 가능하다면 종가 주변의 땅을 좀 확보하여 한밤마을과 전통문화를 알리고 교육할 수 있는 시설을 마련할 수 있기를 바라고 있었다. 알고 보니 차종부는 이미 청소년 인성교육과 다도예절교육 등의 자격증을 취득한 상태였다. 차종손은 영남지역 종손들 모임인 영종회嶺宗會에서 활발히 활동하고 있다.

제5장 소종가와 문중 모임

1. 한밤마을의 소종가

　부림홍씨는 본향에서 크게 흩어지지 않은 채 천년 세월을 지내온 것이 무엇보다 특징이다. 그렇다 보니 한 마을 안에 여러 소종가와 그 지파들이 군데군데 모여 살면서 여러 소종택들과 곳곳에 재실과 정자들을 남겨 놓았다.

　11세에 와서 재명은 비로소 구, 찬, 침 3형제를 두었고, 12세에 와서 구는 우준과 석생 형제를, 찬은 제문, 침은 충문을 두었으며, 13세에 와서 우준은 종헌과 중헌 형제를, 석생은 은량을, 제문은 덕기와 덕량, 덕부 3형제를, 충문은 천기와 만기 형제를 두었다. 분파는 주로 13세에서 이뤄졌다. 곧 종헌의 후예가 종파가 되고, 중헌은 중파, 은량은 답동파, 덕기는 서면파, 덕량은 하

【부림홍씨(한밤파) 9세~13세 세계표와 분파도】

9세	10세	11세	12세	13세	계파
로魯	재명在明	구球	우준禹濬	종헌宗獻	종파宗派
		―	―	중헌仲獻	중파仲派
		―	석생碩生	은량殷良	답동파沓洞派
		찬瓚	제문悌文	덕기德器	서면파西面派
		―	―	덕량德量	하양파河陽派
		―	―	덕부德府	신리파莘里派
		침琛	충문忠文	천기千紀	기계파杞溪派
		―	―	만기萬紀	―

양파, 덕부는 신리파, 천기는 기계파의 파조가 되었다. 분파 시기는 대체로 1600년 전후이다. 이 가운데 은량의 답동파와 덕량의 하양파, 천기의 기계파를 제외하고는 모두 본향인 한밤마을을 떠나지 않았다. 따라서 부림홍씨는 한밤마을을 중심으로 자연스레 대성벌족으로 성장하게 되었다.

먼저 종파는 한밤마을 한가운데에 위치한 대청과 종가를 중심으로 집거하고 있으며, 후손들 가운데 홍귀서洪龜瑞와 홍택하洪宅夏가 문과 급제를 하였다. 종파의 대표적인 재실과 정자로 동천정東川亭과 경의재敬義齋, 추원당追遠堂, 동산정東山亭, 근수정近水亭 등이 있는데, 추원당과 동산정은 수십년 전 소실되었고, 근수정

동천정

경의재

보원당 판액

경회재

애연당

은 헐렸다. 한밤마을의 대표적 건축물인 남천고택南川故宅(일명 상매댁, 쌍백당)의 후손도 종파 계열로, 7대가 연속으로 문집(『栗里世稿』)을 내는 등 한밤마을 부림홍씨 집안들 가운데 문장이 특히 돋보인다.

　　중파는 양산서원이 소재한 남산 1리(속칭 서원마을)와 2리(갖골마을)에 모여 살고 있으며, 대율 1리와 멀리 군위군 산성면에도 일부가 집거하고 있다. 임재왜란 선무원종공신인 혼암 홍경승이 대표적인 후손이다. 홍경승의 비석은 원래 남산 1리에 세워졌는

호우당 판액

저존재 골목

신리파 증부승지공(저존재) 종중 가묘

데, 근년에 새롭게 대율리 송림에 홍천뢰 장군의 비석과 나란히 세웠다. 경회제景檜齋(대율 1리)와 수오정守吾亭(대율 1리), 보원당報遠堂(남산 1리)이 중파의 대표적인 재실이다.

서면파는 한밤마을 인근에 있는 군위군 효령면 매곡리(속칭 한실마을)와 고곡리에 많이 살고 있으며, 한밤마을에는 14세 몽뢰의 후손들이 주로 살고 있다. 임진왜란 선무원종공신 송강 홍천뢰 장군이 대표적인 후손이며, 그를 제향한 도천사가 매곡리에 있다. 애연당優然堂과 정일재精一齋가 한밤마을에 있는 서면파의 대표적 재실이다.

  신리파는 동산 1리(황청리)와 2리(신리)에 주로 살고 있으며, 대율리에는 15세 절㫼의 후손들이 저존재著存齋를 중심으로 모여 살고 있다. 효우당孝友堂(동산 1리)과 원모재遠慕齋(동산 2리), 저존재가 신리파의 대표적 재실이다.

2. 문중 모임과 계

1) 부림홍씨 문회

문회門會는 부림홍씨 문중의 가장 중추적인 조직으로, 부림홍씨 문중의 종사를 총괄하며 함창파도 포함되어 있다.

문회의 조직은 문회장 아래 운영위원장이 있고, 운영위원장은 운영위원회와 연구개발팀, 인터넷관리팀, 서원관리팀을 두어 종사를 총괄한다. 통상적으로 운영위원장의 직을 끝마치면 문회장이 되며, 문회장의 임기는 3년, 운영위원장의 임기는 2년이고 연임이 가능하다. 현재 문회장은 홍상근 전 군위군의회 의장이, 운영위원장은 계명대학교 홍대일 명예교수가 맡고 있다.

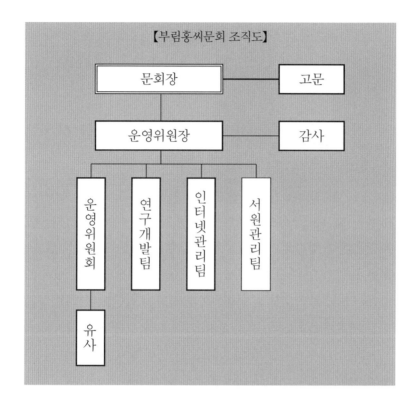

【부림홍씨문회 조직도】

운영위원회는 운영위원(20명 이내)과 유사 약간명을 두고서
문중의 제반 종사를 의결, 처리한다. 연구개발팀은 문중과 선조
및 한밤마을에 대한 자료조사와 연구, 보존, 교육 등의 사업을,
인터넷관리팀은 문중 홈페이지와 인터넷족보 등의 사업을 전담
한다. 서원관리팀은 양산서원의 관리와 제향 등의 업무를 지원
한다.

문중 재산은 대부분 논밭과 임야 등 부동산으로 총 180여 필지가 되며, 부림홍씨 집거지 일대에 흩어져 있다. 1년 예산은 7천만원 정도이다.

2) 화수회

화수회花樹會는 부림홍씨 종친들의 친목을 도모하기 위해 한밤마을 출신을 중심으로 1956년 대구 동촌에서 창립되었다. 이무렵 함창파 화수회도 별도로 창립되었다. 지금까지 매년 1회 총회를 통해 모임을 운영하고 있으며, 2004년 족보 중간을 계기로 약간의 기금을 확보한 뒤 한밤파와 함창파는 격년으로 합동 화수회를 개최해오고 있다. 그리고 서울 등 종친 수가 많은 지역에서는 별도로 지부 화수회가 있으며, 또한 군위 군내에는 남양 홍씨도 집거하고 있어 별도로 대동 화수회를 개최해 오고 있다.

화수회는 회원들 간 길흉사 때 상호 부조와 선조 분묘 수호 및 봉제사, 종사 재정 지원 등을 해왔으며, 전통문화 선진 지역 참관과 청소년들에 대한 뿌리알기 교육 등도 시행하고 있다. 특히 1967년경 회원들은 십시일반 기금을 모아 대구시 효목동에 부림학사缶林學舍를 건립하여 많은 종친 중·고·대학생들의 학업 증진을 도왔으며, 그 뒤 운영이 여의치 않게 되자 잔여 재산을 정리하여 전액 문중 기금으로 돌렸다.

3) 경모회

경모회敬慕會는 1961년에 설립되었으며, 설립 당시 1941년 출생 이후 만 20세를 기준으로 종친들이 별도로 모여 선조의 얼을 계승하고 친목을 다지며 문중과 화수회 발전에 도움이 될 수 있는 활동을 전개하는 가운데 부림홍씨 문보門報를 10여 차례 간행하기도 했다. 그동안 시간이 흐르면서 1951년 이후 출생자들이 다시 제2 경모회를 조직해 활동하고 있으며, 현재 약 30명의 회원이 2개월마다 모임을 개최해오고 있다. 앞으로 제3, 제4 경모회가 만들어질 수 있다.

4) 소종중 모임

부림홍씨는 천년의 긴 시간 동안 한곳에 밀집해 살면서 한마을 안에 여러 소종중들이 있게 되었다. 이 소종중들은 각각 소종회를 꾸려 13세 이후 선조들의 묘소와 종택, 재산 관리 및 친목 도모를 위한 각종 모임을 해오고 있는데, 그 수가 스무 개가 넘는다. 특히 삼복三伏 때가 되면 각 소종중이나 그 지파별로 마을 곳곳 식당이나 장소에서 음식을 나누며 외지 종인들까지 모여 종사를 처리하고 친목을 도모하는 풍경을 흔하게 볼 수 있다.

5) 계모임

한밤마을에는 수십 종의 계모임이 있었으며, 지금까지도 십여 개의 각종 계모임이 이어져 오고 있다. 그 가운데 몇 개를 들어보면 다음과 같다.

먼저 문중의 노인 대접을 위한 대표적인 경로계로 인년계(引年契)와 칠석면회(七夕麵會)가 있다. 인년계는 매년 삼월삼짇날 50대 가운데 3~4명이 소임을 맡아 60대 이상의 노인들을 대접하며, 이후 그들도 대접을 받는 자리에 들게 된다. 그리고 칠석면회는 소임을 정해 칠월칠석날 문중 노인들을 초청하여 국수를 대접하는 모임으로, 이때 열흘 후에 있을 경재 선조의 불천위제사(음력 7월 17일) 봉행에 대한 제반 사항을 논의하기도 한다.

좀 특별한 계로 막암계(幕巖契)와 문암계(文巖契)가 있다. 막암계는 임진왜란 시기 여헌(旅軒) 장현광(張顯光) 선생이 여러 차례 의흥 의병장 송강 홍천뢰 장군을 찾아 막암에서 도의를 다졌던 것을 기념하기 위해 부림홍씨와 인동 장씨 후손들이 모여 이어온 계이다. 막암은 팔공산 동산계곡에 위치해 있으며, 큰 암반 위에서 폭포가 흘러내려 암반 아래로 들어가면 마치 장막처럼 가려진다고 붙여진 이름인데, 지금은 잦은 홍수로 폭포가 사라져 그때의 일을 기억하기 위해 2006년 막암계에서 작은 기념석을 세워 두었다. 소임을 정해 매년 1회 모임을 개최해 오고 있다.

그리고 문암계는 한밤마을 인근 출신 문과 급제자 5인의 직계 후손들이 모여 만든 계로, 매년 정기적인 모임을 가지고 있으며, 기념비는 부계면 면소재지인 창평동 고남지 부근에 있다. 문과 급제자 다섯 명은 홍귀서洪龜瑞와 홍택하洪宅夏(부림홍씨), 이정남李楨南(흥양이씨), 이시한李時翰(고성이씨), 신택화申宅和(평산신씨)이다.

참고문헌

『高麗史』.

『高麗史節要』.

『朝鮮王朝實錄』.

『高麗名臣傳』.

『華東忠義錄』.

『國朝人物考』.

『東文選』.

鄭夢周, 『圃隱鄭先生文集』.

李鍾學, 『麟齋遺稿』.

吉再, 『冶隱先生言行拾遺』.

洪魯, 『敬齋洪魯先生實紀』, 홍우흠·홍원식 역편, 예문서원, 2016.

金誠一, 『壬辰錄』.

柳成龍, 『懲毖錄』.

權應銖, 『白雲齋實紀』.

鄭世雅, 『湖叟先生實紀』.

鄭大任, 『昌臺日記』.

鄭湛, 『復齋實紀』.

洪天賚, 『松岡先生實紀』.

洪慶承, 『混庵先生實紀』.

李恒福, 『白沙別集』.

張顯光, 『旅軒集』.

洪宅夏, 『睡軒文集』.

염경화 · 손대원, 『돌담과 함께 한 부림의 터』, 경상북도 · 국립민속박물
　　관, 2009.

최효식, 『임진왜란기 영남의병연구』, 국학자료원, 2003.

한국문화유산답사회, 『답사여행의 길잡이8-팔공산자락』, 돌베개, 1997.

홍원식, 『양대 문형과 직신의 가문, 문경 허백정 홍귀달 종가』, 예문서원,
　　2012.

홍원식 역편, 『양산서원지』, 예문서원, 2016.

김강식, 「임진왜란 시기 경상우도의 의병운동」, 『임진란연구총서』 2, 임진
　　란정신문화선양위원회, 2013.

노영구, 「임진왜란 초기 양상에 대한 기존 인식의 재검토」, 『임진란연구총
　　서』 2, 임진란정신문화선양위원회, 2013.

문수홍, 「임란 중 경상좌도지방의 의병활동-임진년 영천 · 경주성 수복전을 중심으로」, 『소헌남도영박사화갑기념 사학논총』, 1984.

이욱, 「임진왜란 초기 경상좌도 의병 활동과 성격」, 『임진란연구총서』 2, 임진란정신문화선양위원회, 2013.

홍원식, 「여말 영남지역 포은학파와 경재 홍로」, 『동아인문학』 제27집, 동아인문학회, 2014.

홍원식, 「임진왜란 시기 의흥 의병장 송강 홍천뢰와 혼암 홍경승」, 『동아인문학』 제31집, 동아인문학회, 2015.